PORTO E DOURO

Panorâmico / Panoramic / Panorama / Panorâmico / Panoramique / 全景

NUNO CARDAL

Prefácio de / Foreword by / Prefácio de / Vorwort von / Préface de / 前言

Arquiteto Álvaro Siza

Prefácio `pt`

Nuno Cardal é, como ele próprio diz, «um português que adora o seu país e que tenta, dentro das suas valias, dar a conhecer Portugal o melhor possível».

Historiador e fotógrafo, associa conhecimento e imagem para registar o que o sensibiliza, o que descobre como particular e como essencial: marcas da História e da Geografia, gravadas num território belo e variado – que o olhar continuamente educado do fotógrafo enquadra e glorifica.

Porto, 19 de junho de 2017

Álvaro Siza, arquiteto

Foreword `en`

Nuno Cardal is, in his own words, 'a Portuguese who loves his country and tries to shows Portugal as well as he can'.

Cardal is an historian and photographer who blends knowledge and pictures to capture what moves him, what he discovers as being unique and essential: the marks of History and Geography engraved upon an exquisite and diverse territory, perpetually exalted and set in frame by the photographer's trained eye.

Oporto, 19th June, 2017

Álvaro Siza, architect

Prefacio `es`

Nuno Cardal es, como él mismo dice, «un portugués que adora su país y que intenta, dentro de sus capacidades, dar a conocer Portugal de la mejor manera posible».

Historiador y fotógrafo, une el conocimiento y la imagen para registrar aquello que le llama la atención y que descubre como particular y esencial: las marcas de la Historia y de la Geografía, grabadas en un territorio bello y variado, que la mirada continuamente educada del fotógrafo encuadra y ensalza.

Oporto, 19 de junio de 2017

Álvaro Siza, arquitecto

Prefácio `pt`

Nuno Cardal é, como ele próprio diz, «um português que adora o seu país e que tenta, dentro das suas valias, dar a conhecer Portugal o melhor possível».

Historiador e fotógrafo, associa conhecimento e imagem para registar o que o sensibiliza, o que descobre como particular e como essencial: marcas da História e da Geografia, gravadas num território belo e variado – que o olhar continuamente educado do fotógrafo enquadra e glorifica.

Porto, 19 de junho de 2017

Álvaro Siza, arquiteto

前言

努诺·卡尔德，正如他自己说的，是"一个热爱自己国家的葡萄牙人，竭尽所能，尽力展示一个真实的葡萄牙。"

历史学家和摄影师，结合知识和图像记下让其有所触动的事物，所发现的特殊且非常重要的标志：在一个美丽而多变的领土上留下的历史及地理的组合和美化。用一个摄影师的专业眼光不断地插摄

波尔图，2017年6月19日，

阿尔瓦罗·西塞，建筑师

Préface

Nuno Cardal est, comme il le dit lui-même, « un Portugais qui adore son pays et qui essaye, à son échelle, de faire connaître le Portugal le mieux possible ».

Historien et photographe, il allie connaissance et image pour capter ce qui le touche, ce qui est pour lui particulier et essentiel : les marques de l'histoire et de la géographie, gravées sur un territoire beau et varié – que le regard aguerri du photographe encadre et glorifie.

Porto, le 19 juin 2017

Álvaro Siza, architecte

Vorwort

Nuno Cardal ist in seinen eigenen Worten "ein Portugiese, der sein Land liebt und versucht, Portugal so gut zu zeigen, wie er kann".

Cardal als Historiker und Fotograf kombiniert Wissen und Bilder, um zu erfassen, was ihn bewegt, was er als einzigartig und essentiell entdeckt: die Zeichen der Geschichte und der Geographie, eingemeißelt in ein wunderbares und vielfältiges Land, und fortwährend eingerahmt und gepriesen vom geschulten Auge des Fotografen.

Porto, 19. Juni 2017

Álvaro Siza, Architekt

1|2

Vista do Porto do cimo da Torre dos Clérigos. Edifício em granito projetado no séc. XVIII pelo arquiteto italiano Nicolau Nasoni, o ex-líbris barroco da cidade tem cerca de 75 m de altura e mais de 220 degraus.

View over Oporto from the Clérigos Tower. Granite building designed in the 18th century by Italian architect Nicolau Nasoni, the city's Baroque landmark has roughly 250 feet tall and has over 220 steps.

Vista de Oporto desde la Torre de los Clérigos. El emblema barroco de la ciudad es un edificio de granito diseñado en el siglo XVIII por el arquitecto italiano Nicolau Nasoni, y tiene aproximadamente 75 m de altura y más de 220 escalones.

Blick auf Porto vom Clérigos-Turm. Granitgebäude, das im 18. Jahrhundert vom italienischen Architekten Nicolau Nasoni entworfen wurde. Das barocke Wahrzeichen der Stadt ist rund 250 Meter hoch und hat über 220 Stufen.

Vue de Porto du haut de la Torre dos Clérigos. Tour en granit dessinée au XVIIIe siècle par l'architecte italien Nicolau Nasoni, le symbole baroque de la ville mesure 75 m de haut et compte plus de 220 marches.

波尔图牧师塔（Torre dos Clérigos）塔顶景观。牧师塔是十八世纪的巴洛克风格建筑，由意大利建筑师尼古拉·纳索尼（Nicolau Nasoni）设计。75米高，拥有220多台阶。

VISTA DA TORRE DOS CLÉRIGOS

f 6.3   s 80   41°08'45 N   08°36'51 W

1

f 8
s 1"

41°08'45 N
08°36'51 W

5

1|2 Vistas da Torre dos Clérigos para nascente (1) e poente (2). Este é um dos principais pontos turísticos da Invicta Cidade do Porto.

Views west (1) and east (2) from the Clérigos Tower. One of the main tourist attractions in Oporto.

Vistas desde la Torre de los Clérigos hacia el este (1) y el oeste (2). Es uno de los principales puntos turísticos de Oporto.

Blick nach Westen (1) und Osten (2) vom Clérigos-Turm. Einer der wichtigsten Attraktionspunkte in Porto.

Vues du haut de la Torre dos Clérigos vers l'est (1) et vers l'ouest (2). C'est l'un des hauts lieux touristiques de Porto.

牧师塔（Torre dos Clérigos）的东景（1）和西景（2）。这是波尔图城市主要旅游景点之一。

VISTA DA TORRE DOS CLÉRIGOS 1

f 8   41°08'45 N
s 2"   08°36'51 W

41°08'45 N
08°36'51 W

f 8
s 100

1|2|3

■ Igreja da Irmandade dos Clérigos. Data de meados do séc. XVIII e foi a primeira em Portugal com planta em forma elíptica. A sua construção durou cerca de 20 anos.

■ Brotherhood of Clerics Church. Built in the mid-18th century in the course of some 20 years, this was the first church in Portugal with an elliptic floorplan.

■ Iglesia de la Hermandad de los Clérigos. Data de mediados del siglo XVIII y fue la primera en Portugal con planta de forma elíptica. Se tardó en construir unos 20 años.

■ Bruderschaft der Kleriker-Kirche. Über etwa 20 Jahre hinweg in der Mitte des 18. Jahrhunderts erbaut, ist dies die erste Kirche mit einem elliptischen Grundriss in Portugal.

■ Église de l'Irmandade dos Clérigos. Datant du milieu du XVIIIe siècle, elle fut la première église construite au Portugal sur un plan de forme elliptique. Sa construction dura près de 20 ans.

■ 教士兄弟会教堂（Igreja da Irmandade dos Clérigos）。十八世纪建筑，是葡萄牙第一个为椭圆圆建筑平面的教堂。其建造延续了20年。

TORRE DOS CLÉRIGOS 1 f 4 s 2" 41°08'34 N 08°36'42 W

IGREJA DA IRMANDADE DOS CLÉRIGOS 2 f 7.1 s 200 AÉREA

1|2

PT Avenida dos Aliados. Principal praça do Porto, deve o seu nome à homenagem aos aliados da Primeira Guerra Mundial.

EN Avenida dos Aliados. The name of Oporto's main square means Avenue of the Allied as a tribute to World War I.

ES Avenida dos Aliados. Es la plaza principal de Oporto y su nombre es un homenaje a los aliados de la Primera Guerra Mundial.

DE Avenida dos Aliados Der Name des Hauptplatzes von Porto, „Allee der Alliierten", ist ein Tribut an den 1. Weltkrieg.

FR Avenida dos Aliados. Principale place de Porto, son nom rend hommage aux alliés de la Première Guerre mondiale.

ZH 同盟大道（Avenida dos Aliados）。为波尔图最重要的广场，为纪念第一次世界大战的同盟国而命名。

1|2 Câmara Municipal do Porto. Construída na primeira metade do séc. XX, tem como elemento de destaque a sua torre de 70 m de altura.

Oporto City Hall. Built in the first half of the 20th century, its main feature is the 240 feet tall tower.

Ayuntamiento de Oporto. Se construyó en la primera mitad del siglo XX, y cabe destacar su torre de 70 m de altura.

Rathaus von Porto. Erbaut in der ersten Hälfte des 20. Jahrhunderts, sein Hauptmerkmal ist der 70 Meter hohe Rathausturm.

Mairie de Porto. Construite dans la première moitié du XXe siècle, elle se distingue par sa tour de 70 m de haut.

波尔图市政府 (Câmara Municipal do Porto)。建于二十世纪前半世纪，70米高的塔是其象征。

CÂMARA MUNICIPAL DO PORTO 1

AÉREA

f 9

s 320

12

CÂMARA MUNICIPAL DO PORTO

2 f 8
s 2"

 41°08'59 N
08°36'38 W

1|2

Estação ferroviária de São Bento. Data de finais do séc. XIX e inícios séc. XX e foi construída no local de um antigo convento com o mesmo patrono. Igreja dos Congregados (2, à esquerda).

São Bento railway station. Built in the late 19th and early 20th century on the site of a former convent dedicated to the sane patron saint. Congregados Church (2, left).

Estación ferroviaria de São Bento. Data de finales del siglo XIX e inicios del siglo XX y se construyó en el lugar de un antiguo convento dedicado al mismo patrón. Iglesia de los Congregados (2, a la izquierda).

Bahnhof São Bento. Erbaut Ende des 19. und frühen 20. Jahrhundert auf dem Gelände eines ehemaligen Klosters, das dem selben Schutzpatron gewidmet ist. Congregados-Kirche (2, links).

Gare de São Bento. Construite à la fin du XIXe – début du XXe siècle à l'emplacement d'un ancien couvent du même nom. Église des Congregados (2, à gauche).

圣本笃火车站（Estação Ferroviária de São Bento）。建于十九世纪末和二十世纪初，所在地为一个同名修道院的遗址。 琮各陀教堂（Igreja dos Congregados）（2，左图）

ESTAÇÃO DE SÃO BENTO   2

f 4.5   41°08'45 N
s 8   08°36'39 W

A Estação de São Bento, projeto do arquiteto Marques da Silva, tem um magnífico átrio de entrada decorado com painéis de azulejos alusivos à história de Portugal, da autoria de Jorge Colaço.

Designed by architect Marques da Silva, the São Bento railway station features an impressive station hall adorned with wall tiles by Jorge Colaço depicting scenes from Portuguese history.

La Estación de São Bento, un proyecto del arquitecto Marques da Silva, cuenta con un magnífico atrio de entrada decorado con paneles de azulejos alusivos a la historia de Portugal, de la autoría de Jorge Colaço.

Der von dem Architekten Marques da Silva entworfene Bahnhof São Bento verfügt über eine beeindruckende, mit Wandfliesen von Jorge Colaço dekorierte Bahnhofshalle mit Szenen aus der portugiesischen Geschichte.

Construite sur un projet de l'architecte Marques da Silva, la gare de São Bento a une magnifique salle des pas perdus, dont les murs sont tapissés de panneaux d'azulejos évoquant l'histoire du Portugal, peints par Jorge Colaço.

圣本笃火车站（Estação de São Bento）由建筑师阿塞·马克斯·德·席尔瓦（Marques Silva）设计，富丽堂皇的大堂贴满了瓷砖壁画，描绘葡萄牙的历史场面，乔治·科拉索（Jorge Colaço）创作。

ESTAÇÃO DE SÃO BENTO 1

f 4
s 60

41°08'44 N
08°36'38 W

ESTAÇÃO DE SÃO BENTO 2

f 4
s 60

41°08'44 N
08°36'38 W

ESTAÇÃO DE SÃO BENTO   3

f 5.6   41°08′44 N
s 60   08°36′38 W

1|2|3

Terreiro da Sé. Aqui terá sido decidido, em junho de 1147, por influência do Bispo do Porto, o auxílio dos Cruzados a D. Afonso Henriques na conquista de Lisboa.

Terreiro da Sé (Cathedral Square). This is reportedly where, driven by Oporto's Bishop, the decision was made in June 1147 to join King Afonso Henriques in the Crusade to conquer Lisbon.

Plaza de la catedral. En este lugar se decidió, en junio de 1147, gracias a la influencia del obispo de Oporto, la ayuda de los cruzados a don Afonso Henriques en la conquista de Lisboa.

Terreiro da Sé (Kathedralsplatz). Gesagt wird, dass auf Ansporn des Bischofs von Porto Juni 1147 die Entscheidung getroffen wurde, König Afonso Henriques bei der Eroberung Lissabons beizustehen.

Terreiro da Sé. C'est ici qu'aurait été décidée en juin 1147, sous l'influence de l'évêque de Porto, l'aide des Croisés au roi Afonso Henriques pour la conquête de Lisbonne.

波尔图大教堂广场 (Terreiro da Sé)。1147年6月，在波尔图主教的影响下，十字军在此决定协助葡萄牙第一个国王阿方索一世 (D. Afonso Henriques) 出征里斯本。

TERREIRO DA SÉ   1   f 8   s 200   41°08′34 N   08°36′42 W

TERREIRO DA SÉ   2   f 8   s 125   41°08′33 N   08°36′43 W

1|2 Paço Episcopal, residência do Bispo do Porto. Tem marcado a sua presença na cidade desde o séc. XIII, com constantes alterações até ao séc. XIX. Mais um edifício com o traço de Nicolau Nasoni.

The Paço Episcopal (Episcopal Palace) is the residence of Oporto's Bishop. Designed by Nicolau Nasoni and part of the cityscape since the 13th century, it underwent a number of changes up to the 19th century.

Palacio Episcopal, residencia del obispo de Oporto. Ha marcado su presencia en la ciudad desde el siglo XIII, sufriendo constantes cambios hasta el siglo XIX. Se trata de otro de los edificios con el trazo característico de Nicolau Nasoni.

Der Paço Episcopal (Bischofspalast) ist die Residenz des Bischofs von Porto. Entworfen von Nicolau Nasoni und Teil des Stadtbildes seit dem 13. Jahrhundert, durchlief es eine Reihe von Änderungen bis zum hin 19. Jahrhundert.

Palais épiscopal, résidence de l'évêque de Porto. Construit au XIIIe siècle, ce palais a subi des remaniements successifs jusqu'au XIXe siècle. Encore un édifice où l'on peut reconnaître la touche de Nicolau Nasoni.

波尔图主教宫（Paço Episcopal），波尔图主教的官邸。虽为十三世纪的建筑，但直到十九世纪被不断改建。意大利设计师尼古拉·纳索尼（Nicolau Nasoni）设计的又一建筑。

PAÇO EPISCOPAL 1

f 13   41°08'31 N
s 0.5"   08°36'42 W

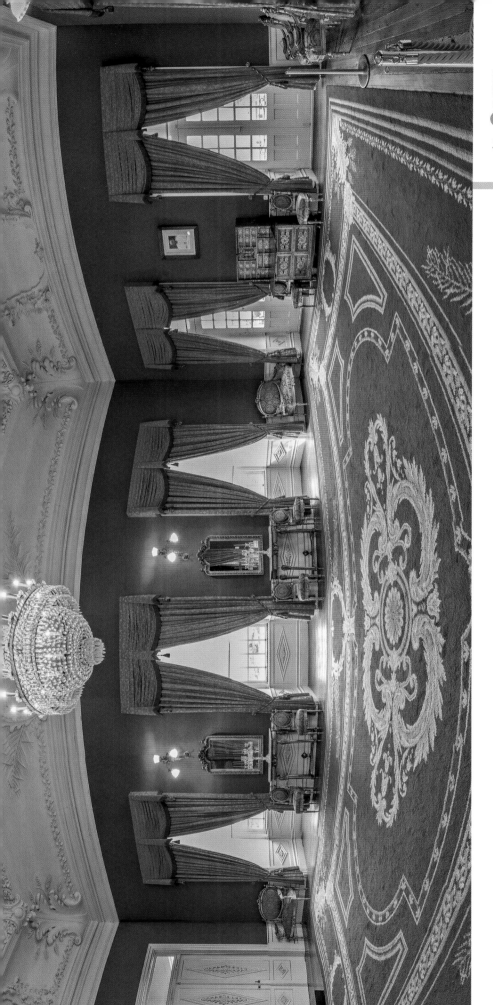

41°08'34 N
08°36'40 W

f 4
s 60

1|2

Sé do Porto. Templo predominantemente românico, é uma obra do séc. XII que sofreu várias alterações ao longo dos séculos, sendo cada uma delas ao gosto/estilo da época em que foi efetuada.

Sé do Porto (Oporto Cathedral). Built in the 12th century and mostly Romanic in style, the cathedral has seen numerous changes over the centuries, each one according to the taste and style of the corresponding period.

Catedral de Oporto. Este templo predominantemente románico es una obra del siglo XII que sufrió diversos cambios a lo largo de los siglos, siendo cada uno de ellos al gusto/estilo de la época en la que se realizó.

Sé do Porto (Kathedrale von Porto). Erbaut im 12. Jahrhundert und hauptsächlich romanischen Stiles, hat die Kathedrale zahlreiche Veränderungen im Laufe der Jahrhunderte gesehen, je nach Geschmack und Stil der jeweiligen Epoche.

Cathédrale de Porto. De style essentiellement roman, sa construction date du XIIe siècle mais elle a subi plusieurs remaniements successifs au long des siècles, au gré du goût et du style de chaque époque.

波尔图大教堂（Sé do Porto）。十二世纪的罗马式建筑，在后世经历了多次的修改，兼有不同时代的风格。

1|2

Sé do Porto. Aqui se realizou, a 2 de fevereiro de 1387, o casamento do rei D. João I e D. Filipa de Lencastre. Depois da cerimónia foi oferecido aos portuenses um banquete de carne e vinho.

Sé do Porto (Oporto Cathedral). On 2nd of February, 1387, King João I and Filipa de Lencastre were married here. After the ceremony, the citizens of Porto were offered a banquet with meat and wine.

Catedral de Oporto. En ella se celebró, el 2 de febrero de 1387, la boda del rey don João I y doña Filipa de Lencastre. Después de la ceremonia se ofreció a los habitantes de Oporto un banquete de carne y vino.

Sé do Porto (Kathedrale von Porto). Am 2. Februar 1387 wurden hier König João I. und Filipa de Lencastre getraut. Nach der Zeremonie wurde für die Bürger von Porto ein Bankett mit Fleisch und Wein gehalten.

Cathédrale de Porto. C'est ici que fut célébré le 2 février 1387 le mariage du roi João Ier avec Filipa de Lencastre. Après la cérémonie, un festin de viande et de vin fut offert aux habitants de la ville.

波尔图大教堂（Sé do Porto）。1387年2月2日，国王若奥一世（D. João I）和菲力芭·兰卡特（D. Filipa de Lencastre）的婚礼在此举行。婚宴后国王向波尔图市民提供了酒肉丰盛的宴席。

f 7.1 s 350 41°08'32 N 08°36'21 W

1 | Gaivota, ave marinha.

Seagull.

Gaviota, ave marina.

Seemöwe.

Mouette, oiseau marin.

海鸥，海鸟。

2 | Vista panorâmica no Passeio das Fontainhas. Daqui podem ver-se quatro das seis pontes sobre o Douro na zona do Porto: Ponte D. Luiz, Ponte do Infante, Ponte D. Maria e Ponte S. João.

Panoramic view from Passeio das Fontainhas. Offers views of four of the six bridges over the Douro river in the Oporto area: Dom Luiz bridge, Infante bridge, Dona Maria bridge and São João bridge.

Vista panorámica en el Paseo de las Fontainhas. Desde aquí se pueden ver cuatro de los seis puentes del Duero en la zona de Oporto: el Puente de don Luís, el Puente del Infante, el Puente de doña Maria y el Puente de S. João.

Panoramablick vom Passeio das Fontainhas aus. Blick auf vier der sechs Brücken über den Douro im Hafengebiet: Dom-Luiz-Brücke, Infante-Brücke, Dona Maria-Brücke und São-João-Brücke.

Vu panoramique depuis le Passeio das Fontainhas. D'ici, l'on aperçoit quatre des six ponts qui enjambent le Douro à Porto : Ponte Dom Luiz, Ponte do Infante, Ponte Dona Maria et Ponte São João.

丰泰尼大道 (Passeio das Fontainhas) 全景。这里可以看到波尔图市内跨越杜罗河的六座桥的其中4座：路易斯一世桥 (Ponte D. Luiz)，亨利克大桥 (Ponte do Infante)，玛丽亚铁路桥 (Ponte D. Maria) 和圣若昂铁路大桥 (Ponte S. João)。

26

1|2|3

Fonte dos Leões, peça em ferro fundido de finais séc. XIX executada em Paris. Igreja do Carmo (à direita) do séc. XVII em estilo rococó.

Fonte dos Leões, a cast-iron fountain featuring lions from the late 19th century, manufactured in Paris, France. Rococo-style Carmo Church (on the right) from the 17th century.

La Fuente de los Leones es una pieza de hierro fundido de finales del siglo XIX realizada en Paris. Iglesia de Carmo (a la derecha) del siglo XVII de estilo rococó.

Fonte dos Leões, ein gusseiserner Brunnen mit Löwen aus dem späten 19. Jahrhundert, hergestellt in Paris. Carmo-Kirche (auf der rechten Seite) im Rokoko-Stil aus dem 17. Jahrhundert.

Fontaine aux Lions, pièce en fonte de la fin du XIXe siècle réalisée à Paris. Église du Carmo (à droite) du XVIIe siècle, de style rococo.

狮子喷泉 (Fonte dos Leões)，十九世纪的铸铁作品，巴黎制作。卡尔穆教堂 (Igreja do Carmo) (右)，十七世纪的洛可可式建筑。

FONTE DOS LEÕES 2

f 14 s 25" 41°08'49 N 08°36'56 W

FONTE DOS LEÕES 1

f 9 s 20 41°08'49 N 08°36'56 W

f 16
s 5

41°08'49 N
08°36'56 W

1 | Rua das Flores e Igreja da Misericórdia (à direita) do séc. XVI com fachada barroca do séc. XVIII.

Rua das Flores and Misericórdia Church (on the right) from the 16th century, with a Baroque 18th-century façade.

Rua das Flores e Iglesia de la Misericordia (a la derecha) del siglo XVI con fachada barroca del siglo XVIII.

Rua das Flores und Misericórdia-Kirche (rechts) aus dem 16. Jahrhundert mit barocker Fassade aus dem 18. Jahrhundert.

Rua das Flores et Église de la Miséricórdia (à droite) du XVIe siècle, avec sa façade baroque du XVIIIe siècle.

花街 (Rua das Flores) 和怜悯教堂 (Igreja da Misericórdia) (右), 十六世纪建筑, 外墙为十八世纪的巴洛克式风格。

2 | Cadeia da Relação, onde esteve preso "por amor" Camilo Castelo Branco, famoso escritor português, e onde conheceu José do Telhado, um conhecido salteador português.

Cadeia da Relação, former prison where Portuguese writer Camilo Castelo Branco was incarcerated for a tragic love affair, and where he met José do Telhado, a famous Portuguese robber.

Cadeia da Relação, donde estuvo preso "por amor" Camilo Castelo Branco, famoso escritor portugués, y donde este conoció a José do Telhado, un conocido ladrón portugués.

Cadeia da Relação, ehemaliges Gefängnis. Hier war der portugiesische Schriftsteller Camilo Castelo Branco für eine tragische Liebesaffäre eingesperrt und lernte den berühmten portugiesischen Räuber José do Telhado kennen.

Prison de la Relação, où fut emprisonné « par amour » le grand écrivain portugais Camilo Castelo Branco et où il fit la connaissance du célèbre brigand José do Telhado.

雷拉奥监狱 (Cadeia da Relação)。葡萄牙著名作家卡米洛·卡斯特罗 (Camilo Castelo Branco) 曾在此因 "爱" 坐牢, 并在这个监狱里认识了葡萄牙有名的小偷若泽·特拉敫 (José do Telhado)。

f 14
s 60

41°08'41 N
08°37'00 W

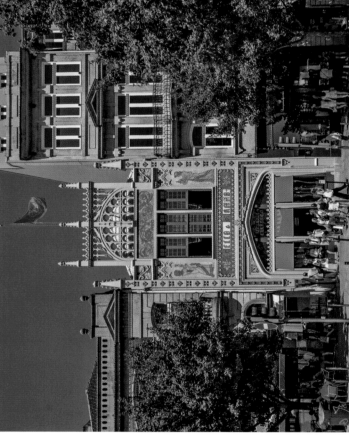

1|2|3

A fachada da Livraria Lello, em estilo neogótico, e o seu sumptuoso interior dominado por uma faustosa, exuberante e curvilínea escadaria.

Neo-gothic façade of Livraria Lello and its impressive interior featuring a grand, exuberant crimson staircase.

La fachada de la Librería Lello es de estilo neogótico, y su lujoso interior está dominado por una fastuosa, exuberante y curvilínea escalera.

Neo-gothische Fassade der Livraria Lello und die imponierende Inneneinrichtung mit der beeindruckenden, geschwungenen Holztreppe.

La façade de la librairie Lello, de style néogothique, et son intérieur somptueux où trône un majestueux escalier exubérant et tout en courbes.

莱罗书店 (Livraria Lello) 新哥特式外墙，及位于书店中央的豪华气派的木制旋梯。

1|2 Livraria Lello. Fundada em 1906, é desde essa época um templo das letras nacionais e um destino turístico, sendo considerada uma das mais belas livrarias do mundo.

Livraria Lello. Bookshop founded in 1906, ever since a shrine for Portuguese literature and a tourist attraction, considered to be among the world's most beautiful bookshops.

Librería Lello. Se fundó en 1906 y desde esa época es un templo de las letras nacionales y un destino turístico, siendo considerada una de las librerías más bonitas del mundo.

Livraria Lello. Seit der Gründung 1906 ist die Buchhandlung ein Altar der portugiesischen Literatur und eine Touristenattraktion. Sie gilt als einer der schönsten Buchhandlungen der Welt.

Librairie Lello. Fondée en 1906, elle est devenue depuis sa création un temple des lettres nationales et une destination touristique incontournable, considérée comme l'une des plus belles librairies au monde.

莱罗书店（Livraria Lello）。创立于 1906，被誉为世界最美的书店之一，是葡萄牙文学圣殿和一个旅游景点。

1

■ Relógio com carrilhão e desfile de quatro figuras emblemáticas do Porto: S. João, Infante D. Henrique, Almeida Garrett e Camilo Castelo Branco.

■ Clock with carillon and four major figures from Oporto's history: São João, Infante Dom Henrique (Prince Henry the Navigator), and writers Almeida Garrett and Camilo Castelo Branco.

■ Reloj con carillón y desfile de cuatro figuras emblemáticas de Oporto: San Juan, el Infante don Henrique, Almeida Garrett y Camilo Castelo Branco.

■ Uhr mit Glockenspiel und vier Hauptfiguren der Stadtgeschichte: São João, Infante Dom Henrique (Heinrich der Seefahrer) und die Schriftsteller Almeida Garrett und Camilo Castelo Branco.

■ Horloge à carillon où défilent quatre figures emblématiques de Porto : Saint Jean, le prince Henri le Navigateur et les écrivains Almeida Garrett et Camilo Castelo Branco.

■ 自鳴钟和4个波尔图代表人物: 圣若昂 (S. João)、亨利克王子 (Infante D. Henrique)、阿尔梅达・伽雷特 (Almeida Garrett)、卡米洛・卡斯特罗 (Camilo Castelo Branco)。

2|3

■ Rua Passos Manuel e Rua Formosa. A baixa portuense combina harmoniosamente espaços comerciais tradicionais e modernos.

■ Rua Passos Manuel and Rua Formosa. Oporto's downtown harmoniously combines traditional and modern shops.

■ Rua Passos Manuel y Rua Formosa. El centro histórico de Oporto combina armoniosamente espacios comerciales tradicionales y modernos.

■ Rua Passos Manuel und Rua Formosa. In der Innenstadt von Porto verbinden sich der traditionelle und der moderne Handel auf harmonische Weise.

■ Rua Passos Manuel et Rua Formosa. Le cœur de Porto (la « baixa ») conjugue harmonieusement espaces commerciaux traditionnels et modernes.

■ 帕苏升・曼努埃尔街 (Rua Passos de Manuel) 和福莫萨街 (Rua Formosa)。波尔图老城区将现代和传统商业空间和谐地融为一体。

BAIXA DO PORTO 2 ⟨📷⟩ f 5.6 s 80 ◉ 41°08'54 N ◈ 08°36'24 W

BAIXA DO PORTO 1 ⟨📷⟩ f 6.3 s 80 ◉ 41°08'49 N ◈ 08°36'24 W

41°08'55 N
08°36'26 W

f 4
s 60

1|2 ■ Mercado do Bolhão. Obra típica da arquitetura do ferro de inícios do séc. XX, foi construído no local onde já se realizava um mercado no séc. XIX.

■ Mercado do Bolhão. Market building featuring iron structures from the early 20th century, built on the site where markets used to be held already in the 19th century.

■ Mercado de Bolhão. Es una obra típica de la arquitectura del hierro de inícios del siglo XX y se construyó en un lugar en el que ya se realizaba un mercado durante el siglo XIX.

■ Mercado do Bolhão. Marktgebäude mit Eisenstrukturen aus dem frühen 20. Jahrhundert, auf einem Gelände gebaut, auf dem schon im 19. Jahrhundert Märkte stattfanden.

■ Marché du Bolhão. Ouvrage typique de l'architecture de fer du début du XXe siècle, construit à l'emplacement où se tenait déjà un marché au XIXe siècle.

■ 波亮菜市场（Mercado do Bolhão）。二十世纪初的典型铁制结构建筑，十九世纪这里已是一个市场。

1|2

Praça da Batalha. Local provável de uma batalha entre mouros e cristãos no séc. X. Aqui se encontra a Igreja de Santo Ildefonso, o Cine-Teatro Batalha e o Teatro Nacional S. João.

Praça da Batalha. Square marking the likely site of a 10th-century battle between Moors and Christians. Site of Santo Ildefonso Church, the Cine-Teatro Batalha cinema hall and the São João National Theatre.

Praça da Batalha. Probable ubicación de una batalla entre moros y cristianos en el siglo X. Aquí se encuentra la Iglesia de San Ildefonso, el Cine-Teatro Batalha y el Teatro Nacional São João.

Praça da Batalha. Dieser Platz markiert die wahrscheinliche Stelle einer Schlacht im 10. Jahrhundert zwischen Mauren und Christen. Standort der Santo-Ildefonso-Kirche, des Cine-Teatro Batalha Kinos und des São-João-Nationaltheaters.

Praça da Batalha. Lieu probable d'une bataille entre les Maures et les Chrétiens au Xe siècle. Sur cette place se trouvent l'Église de Santo Ildefonso, le Ciné-Théâtre Batalha et le Théâtre National São João.

战斗广场 （Praça da Batalha）。广场得名于十世纪摩尔人与天主教民之间的一场战役。在这个广场可以参观圣迪易圣福教堂（Igreja de Santo Ildefonso），战斗影剧院（Cine-Teatro Batalha）和圣若昂国家话剧院（Teatro Nacional de S. João）。

f 8   41°08'43 N
s 2"   08°36'26 W

1|2 Este edifício de estilo neoclássico funcionou como Bolsa de Valores e Bolsa de Mercadorias. Atualmente é um dos principais pontos turísticos do Porto, sendo o seu ex-líbris o Salão Árabe.

The neo-classical building used to house the Stock Exchange and Commodities Exchange. It is now one of Oporto's main attractions, especially for its famous Arab Room.

Este edifício de estilo neoclásico funcionó como Bolsa de Valores y Bolsa de Mercancías. Actualmente es uno de los principales puntos turísticos de Oporto, destacándose su Salón Árabe.

Neoklassizistisches Gebäude, in dem der Börsenplatz und die Rohstoffbörse untergebracht waren. Heutzutage eine der Hauptattraktionen von Porto, insbesondere wegen des berühmten arabischen Raumes.

Ce bâtiment de style néoclassique a abrité la Bourse de Valeurs et la Bourse de Marchandises. C'est aujourd'hui l'un des hauts lieux touristiques de Porto, particulièrement réputé pour son Salon Arabe.

这个建筑为新古典主义风格，用于证券和商品交易所。现为波尔图的主要景点之一。内部装饰美轮美奂，尤其是阿拉伯厅。

41°08'28 N
08°36'55 W

f 4
s 60

■ Palácio da Bolsa. Foi construído em terrenos do Convento de S. Francisco na segunda metade do séc. XIX para sede da Associação Comercial do Porto.

■ Palácio da Bolsa (Stock Exchange Palace). Built on the grounds of the São Francisco Convent in the second half of 19th century to house the Oporto Trade Association.

■ Palacio de la Bolsa. Se construyó en los terrenos del convento de San Francisco en la segunda mitad del siglo XIX como sede de la Asociación Comercial de Oporto.

■ Palácio da Bolsa (Börsenpalast). Erbaut auf dem Gelände des São-Francisco-Klosters in der zweiten Hälfte des 19. Jahrhunderts als Sitz der Handelskammer von Porto.

■ Palais de la Bourse. Construit sur des terrains du Couvent de São Francisco dans la seconde moitié du XIXe siècle afin d'y installer le siège de l'Association Commerciale de Porto.

■ 交易宫（Palácio da Bolsa）。建造于十九世纪，原为圣弗朗西斯科（S. Francisco）修道院的属地，为波尔图商会所在地。

PALÁCIO DA BOLSA   1

f 4
s 125

41°08'28 N
08°36'55 W

f 8 · s 200 · 41º08'28 N · 08º36'55 W

1

■ Praça do Infante. Circundada por vários edifícios emblemáticos, por aqui passava o rio da Cividade que desaguava no rio Douro.

▦ Praça do Infante. Square enclosed by several emblematic buildings, used to lay in the course of the Cividade river that fed into the Douro river.

▤ Plaza del Infante. Está rodeada por varios edificios emblemáticos y por aquí pasaba el río de Cividade que desaguaba en el río Duero.

▤ Praça do Infante. Platz, der von mehreren bemerkenswerten Gebäuden umschlossen ist. Lag früher im Verlauf des Flusses Cividade, der in den Douro mündete.

▤ Praça do Infante. Entourée de plusieurs bâtiments emblématiques, sur cette place passait jadis la rivière da Cividade avant de se jeter dans le Douro.

王子广场 (Praça do Infante)，被标志世纪的建筑环抱。旧时赤维达河 (Cividade) 在此穿越流入杜罗河。

2

■ Museu do Romântico. Edifício do séc. XVIII, envolto num ambiente bucólico típico do romantismo.

▦ Museu do Romântico (Museum of the Romantic Era). 18th-century building in a typically Romantic pastoral setting.

▤ Museo del Romanticismo. Edificio del siglo XVIII, envuelto en un ambiente bucólico típico del romanticismo.

▤ Museu do Romântico (Museum der Romantik). Gebäude aus dem 18. Jahrhundert in einer typisch romantischen Umgebung.

▤ Musée du Romantique. Bâtisse du XVIIIe siècle, blottie dans un écrin bucolique typique du romantisme.

浪漫主义博物馆 (Museu Romântico)。十八世纪的建筑，充满了田园风味的浪漫情调。

f 6.3   41°08′51 N
s 80   08°37′41 W

1|2|3

Igreja de S. Francisco. A "Igreja do ouro" é um dos mais magníficos exemplares de talha dourada de Portugal. Edifício do séc. XIII, aqui pernoitou D. João I aquando do seu matrimónio.

São Francisco Church. The 'Golden church' is one of the most impressive examples of gilded woodcarving in Portugal. 13th-century building, in which King João I spent his wedding night.

Iglesia de San Francisco. La "Iglesia del oro" es uno de los ejemplares de talla dorada más esplendidos de Portugal. Se trata de un edificio del siglo XIII en el que pernoctó don João I durante la celebración de su boda.

São-Francisco-Kirche. Die „goldene Kirche" ist eines der beeindruckendsten Beispiele für vergoldete Holzschnitzereien in Portugal. Gebäude des 13. Jahrhunderts, in dem König João I seine Hochzeitsnacht verbrachte.

Église de São Francisco. L'« église d'or » est l'un des plus beaux exemples de bois doré sculpté du Portugal. Construite au XIIIe siècle, le roi João ler y passa la nuit à l'occasion de son mariage.

圣弗朗西斯科教堂（Igreja de S. Francisco），也被称为"黄金教堂"，是葡萄牙镀金教堂的典范。建于十三世纪，国王若奥一世（D. João I）在这里度过新婚之夜。

IGREJA DE SÃO FRANCISCO 1

f 4   s 0.4   41°08'26 N   08°36'57 W

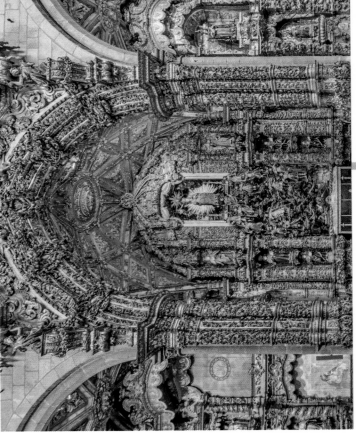

IGREJA DE SÃO FRANCISCO 2

f 12   s 5"   41°08'26 N   08°36'57 W

41°08'26 N
08°36'57 W

f 4
s 60

1|2|3

A Igreja de S. Francisco, edifício de origem gótica do séc. XIII, tem nas alterações barrocas do séc. XVIII o seu principal atrativo. Fez parte de um enorme convento, do qual só resta uma pequena parte.

São Francisco Church, 13th-century building in Gothic style, its Baroque adaptations from 18th century are its main attraction. Used to be part of a vast convent, of which only a small portion has survived.

La Iglesia de San Francisco es un edificio de origen gótico del siglo XIII, a pesar de que su mayor atractivo son las transformaciones barrocas que se realizaron en el siglo XVIII. Formaba parte de un enorme convento, del cual solo queda una pequeña parte.

São-Francisco-Kirche, im 13. Jahrhundert im gotischen Stil errichtet. Die barocken Anpassungen aus dem 18. Jahrhundert sind ihre Hauptattraktion. Teil eines weitäumigen Klosters, von dem heute nur noch ein kleiner Teil übrig ist.

Construite au XIIIe siècle dans le style gothique, l'Église de São Francisco a subi des remaniements baroques au XVIIIe siècle, qui sont son principal attrait. Elle fait partie d'un immense couvent dont il ne reste plus qu'une petite partie.

圣弗朗西斯科教堂 （Igreja de S. Francisco），十三世纪哥特式建筑，但十八世纪改建的巴洛克式风格更引人入胜。原先是一个大修道院，但目前只剩下了这一小部分。

IGREJA DE SÃO FRANCISCO 1

f 4   s 60   41°08'26 N   08°36'57 W

IGREJA DE SÃO FRANCISCO 2

f 4   s 60   41°08'26 N   08°36'57 W

1|2|3

Miragaia e edifício da Alfândega Nova. De estilo neoclássico do séc. XIX, foi construído em terrenos conquistados ao Douro. É atualmente um espaço multifuncional.

Miragaia and Alfândega Nova. Oporto's neo-classical New Customs House was built in the 19th century on land claimed from the Douro river. Today it is a multipurpose building.

Miragaia y edificio de la Alfândega Nova. Edificio en estilo neoclásico del siglo XIX que se construyó en terrenos ganados al Duero. Actualmente es un espacio multifuncional.

Miragaia und Alfândega Nova. Das neoklassizistische Neue Zollhaus von Porto wurde im 19. Jahrhundert auf vom Douro gewonnenem Land erbaut. Heute beherbergt es unter Anderem ein Museum.

Miragaia et le bâtiment de l'Alfândega Nova. De style néoclassique du XIXe siècle, il fut construit sur des terrains gagnés sur le Douro. C'est aujourd'hui un espace polyvalent.

米拉加亚（Miragaia）和新海关楼（Alfândega Nova）。十九世纪源于古典主义建筑，建立在杜罗河填土而成的土地上。现为多功能场馆。

MIRAGAIA   1   f 10   s 10"   41°08'33 N   08°37'12 W

MIRAGAIA   2   f 8   s 4"   41°08'46 N   08°37'54 W

41°08'46 N
08°37'54 W

f 8
s 160

JARDINS DO PALÁCIO DE CRISTAL 1

📷 ▣ f 11 ○ 41°08'26 N
s 20 08°36'57 W

JARDINS DO PALÁCIO DE CRISTAL 2

📷 ▣ f 6.3 ○ 41°08'26 N
s 250 08°36'57 W

1|2|3

🏴 Jardins do Palácio de Cristal. Os seus exuberantes jardins desenhados pelo alemão Emil David no séc. XIX são um dos mais belos espaços verdes da cidade do Porto.

🏴 Palácio de Cristal (Crystal Palace) gardens. The lush gardens designed in the 19th century by German landscaper Emil David are among the most attractive green spaces in Oporto.

🏴 Jardines del Palacio de Cristal. Sus exuberantes jardines diseñados por el alemán Emil David en el siglo XIX son uno de los espacios verdes más bellos de la ciudad de Oporto.

🏴 Gärten des Palácio de Cristal (Kristallpalast). Die üppigen Gärten, entworfen im 19. Jahrhundert vom deutschen Landschaftsgärtner Emil David, gehören zu den attraktivsten Grünflächen der Stadt.

🏴 Jardins du Palais de Cristal. Ces jardins exubérants dessinés par l'allemand Emil David au XIXe siècle sont l'un des plus beaux espaces verts de la ville de Porto.

🏴 水晶宫花园（Jardins do Palácio de Cristal）。十九世纪，德国人埃米尔·戴维（Emil David）设计，被称赞为波尔图最漂亮的花园之一。

f 8
s 250

41°08'45 N
08°37'30 W

1|2 |Palácio de Cristal. Deve o seu nome à estrutura de ferro e vidro construída para a Exposição Internacional Portuguesa de 1865. No seu lugar atualmente está o Pavilhão Rosa Mota.

|Palácio de Cristal (Crystal Palace). Named after the iron and glass frame structure built for the Portuguese International Exhibition in 1865. On its site now stands the arena Pavilhão Rosa Mota.

|Palácio de Cristal. Debe su nombre a la estructura de hierro y vidrio construída para la Exposición Internacional de 1865. En su lugar actualmente se encuentra el Pabellón Rosa Mota.

|Palácio de Cristal (Kristallpalast). Benannt nach der Eisen- und Glasrahmenkonstruktion, die 1865 für die portugiesische Internationale Ausstellung gebaut wurde. Auf dem Gelände steht heutzutage die Arena Pavilhão Rosa Mota.

|Palais de Cristal. Il doit son nom à sa structure en fer et en verre construite pour l'Exposition Internationale Portugaise de 1865. Il a été rebaptisé Pavillon Rosa Mota, en hommage à la célèbre marathonienne portugaise.

|水晶宫（Palácio de Cristal）。其名来自于其钢和玻璃的建筑结构，为1865年在葡萄牙举行的世界博览会而建。现在其址上建有罗莎•莫达馆（Pavilhão Rosa Mota）。

PALÁCIO DE CRISTAL 2

f 5
s 6"

41°08'52 N
08°37'35 W

1|2|3

Rotunda da Boavista (Praça Mouzinho da Silveira). Ostenta um obelisco de 45 m em comemoração das Guerras Peninsulares. O leão (representando as tropas anglo-portuguesas) derrota a águia (representando as tropas francesas).

Rotunda da Boavista (Praça Mouzinho da Silveira). The round square features a 150 feet tall obelisk commemorating the Peninsular Wars. The lion representing the Anglo-Portuguese army defeats the eagle representing the French army.

Rotonda de Boavista (Plaza Mouzinho da Silveira). Ostenta un obelisco de 45 m en conmemoración de la Guerra Peninsular. El león (que representa a las tropas angloportuguesas) derrota al águila (que representa a las tropas francesas).

Rotunda da Boavista (Praça Mouzinho da Silveira). Auf dem runden Platz steht ein 45 Meter hoher Obelisk zum Gedenken an die Kriege der iberischen Halbinsel. Der Löwe, der die englisch-portugiesische Armee repräsentiert, besiegt den die französische Armee darstellenden Adler.

Rotunda da Boavista (Praça Mouzinho da Silveira). Sur cette place se dresse un obélisque haut de 45 m en commémoration des guerres péninsulaires. Le lion (représentant les troupes anglaises et portugaises) terrasse l'aigle (représentant les troupes françaises).

博阿维斯塔广场（莫西尼奥·德阿尔布克尔克广场）(Rotunda da Boavista – Praça Mouzinho da Silveira)。45米高的方尖碑纪念半岛战争。狮子（代表着葡英联合部队）战胜了猎鹰（代表法国部队）。

ROTUNDA DA BOAVISTA 1 f 4.5 s 15" 41°09'29 N 08°37'42 W

ROTUNDA DA BOAVISTA 2 f 5 s 25" 41°09'29 N 08°37'42 W

1|2|3

Casa da Música. Principal símbolo do "Porto 2001 – Capital Europeia da Cultura", tem o traço original do arquiteto holandés Rem Koolhaas, e serve de palco a vários eventos musicais.

Casa da Música. Main emblem of 'Oporto 2001 – European Capital of Culture', designed from scratch by Dutch architect Rem Koolhaas, venue for numerous musical events.

Casa de la Música. El símbolo principal del "Oporto 2001 – Capital Europea de la Cultura" cuenta con el trazo original del arquitecto holandés Rem Koolhaas, y sirve de escenario para diversos eventos musicales.

Casa da Música. Wahrzeichen von Porto als Kulturhauptstadt Europas 2001, entworfen vom niederländischen Architekten Rem Koolhaas, hier finden zahlreiche musikalische Veranstaltungen statt.

Maison de la Musique. Principal symbole de « Porto 2001 – Capitale européenne de la culture », conçue par l'architecte hollandais Rem Koolhas, elle accueille de nombreux événements musicaux.

音乐之家（Casa da Música）。"波尔图2001-欧洲文化首都"的最重要的代表性建筑，由荷兰建筑师雷姆·库哈斯(Rem Koolhas)设计，是一个多类文艺活动的舞台。

f 14
s 160
41°09'31 N
08°37'48 W

1

- Igreja da Lapa, séc. XVIII/XIX, alberga o coração de D. Pedro IV (D. Pedro I do Brasil). |2 Capela das Almas.
- Lapa Church, 18th/19th century, the heart of King Pedro IV (King Pedro IV of Brazil) is kept here. |2 Chapel of Souls.
- Iglesia de Lapa, del siglo XVIII/XIX, que alberga el corazón de don Pedro IV (don Pedro I de Brasil). |2 Capilla de las almas.
- Lapa-Kirche, 18./19. Jahrhundert, das Herz von König Pedro IV. (König Pedro I. von Brasilien) ist hier aufbewahrt. |2 Kapelle der Seelen.
- Église de Lapa, XVIIIe/XIXe siècle, abrite le cœur du roi Pedro IV (Pedro Ier du Brésil). |2 Chapelle des Âmes.
- 拉芭教堂（Igreja da Lapa），十八、十九世纪的建筑，珍藏了佩德罗四世（D. Pedro IV），即巴西佩德罗一世的心脏。|3 灵魂教堂（Capela da Almas）

3

- Igreja de Nossa Senhora da Conceição. Data de meados do séc. XX e foi seu arquiteto um monge beneditino.
- Church of Nossa Senhora da Conceição. Built in the mid-20th century, its architect was a Benedictine monk.
- Iglesia de Nuestra Señora de la Concepción. Data de mediados del siglo XX y su arquitecto fue un monje benedictino.
- Kirche Nossa Senhora da Conceição. Erbaut in der Mitte des 20. Jahrhunderts, der Architekt war ein Benediktiner-Mönch.
- Église de Nossa Senhora da Conceição. Datant du milieu du XXe siècle, son architecte était un moine bénédictin.
- 圣母无原罪教堂（Igreja da Nossa Senhora da Conceição）。建于二十世纪，由本笃会的教士设计。

LAPA 1 f 8 s 160 41°09'24 N 08°36'46 W

LAPA 2 f 8 s 250 41°08'59 N 08°36'21 W

f 8
s 100

41°09'24 N
08°36'16 W

1|2

- Estádio do Dragão. Inaugurado em 2003, é a "casa" do Futebol Clube do Porto, cuja fundação data de finais do séc. XIX, e cujo símbolo são as cores da bandeira nacional dessa época (azul e branco).

- Estádio do Dragão. Inaugurated in 2003, the 'Dragon Stadium' is home to Futebol Clube do Porto, established in the late 19th century, and whose symbol are the colours of the national flag at the time (blue and white).

- Estádio do Dragão. Se inauguró en 2003 y es la "casa" del Futbol Club Oporto, cuya fundación data de finales del siglo XIX, y cuyo símbolo son los colores de la bandera nacional de dicha época (azul y blanco).

- Estádio do Dragão. Das im Jahr 2003 eingeweihte „Drachenstadion" ist die Heimat des Futebol Clube do Porto. Der Fussballverein wurde Ende des 19. Jahrhunderts gegründet und trägt die Farben der damaligen Nationalflagge (blau und weiß) als Symbol.

- Estádio do Dragão. Inauguré en 2003, c'est le stade du club de football FC Porto, dont la fondation remonte à la fin du XIXe siècle et qui garde pour symbole les couleurs du drapeau national de l'époque (bleu et blanc).

- 火龙球场（Estádio do Dragão）。2003年开启使用，为波尔图俱乐部的主场。波尔图俱乐部成立于十九世纪末，其标志取自于当时国旗的颜色（蓝与白）。

ESTÁDIO DO DRAGÃO | 1

f 10
s 400
AÉREA

1|2

Parque da Cidade. Criado em finais do séc. XX, é o maior parque urbano de Portugal e tem ainda a particularidade de os seus mais de 80 hectares chegarem até ao oceano Atlântico.

Parque da Cidade (City Park). Created in the late 20th century, it is Portugal's largest city park covering more than 200 acres and stretching right down to the Atlantic coast.

Parque de la Ciudad. Creado a finales del siglo XX, es el mayor parque urbano de Portugal y cuenta también con una superficie de más de 80 hectáreas que se extienden hasta el océano Atlántico.

Parque da Cidade (Stadtpark). Entstanden Ende des 20. Jahrhundert und bis an die Atlantikküste reichend, ist dies mit mehr als 200 Hektar der größte Stadtpark Portugals.

Parc de la Ville. Créé à la fin du XXe siècle, c'est le plus grand parc urbain du Portugal, déployé sur plus de 80 hectares qui s'étendent jusqu'à l'océan Atlantique.

城市公园（Parque da Cidade）。二十世纪末开始建造，是葡萄牙最大的市内公园，占地80公顷，直达大西洋。

f 4 ○ 41°10'06 N
s 100 ⬠ 08°41'14 W

1|2 ■ Sea Life Porto. Aberto desde 2009, é um magnífico espaço de lazer e conhecimento dedicado à vida marinha. O túnel oceânico para ver os tubarões e outras espécies é um ex-líbris.

■ Sea Life Porto. Large leisure and infotainment area dedicated to marine life, open since 2009. Its main attraction is the Atlantic tunnel for viewing sharks and other species.

■ Sea Life Porto. Abierto desde 2009, es un magnífico espacio de ocio y conocimiento dedicado a la vida marina. Su mayor atracción es el túnel oceánico para ver los tiburones y otras especies.

■ Sea Life Porto. Großflächiges Freizeit- und Lernspass-Gelände rund ums Thema Meerestiere, eröffnet 2009. Die Hauptattraktion ist der Atlantik-Tunnel, in dem die Besucher Haie und andere Meeresarten betrachten können.

■ Sea Life Porto. Ouvert depuis 2009, c'est un magnifique espace de loisirs dédié à la connaissance de la vie marine, avec son incroyable tunnel océanique qui permet d'admirer de plus près les requins et autres espèces.

■ 波尔图水族馆（Sea Life Porto）。2009年开张，是一个普及海洋知识的娱乐休闲之地。穿越海洋隧道可以看到鲨鱼和其他各类的海洋动物。

f 4
s 60

41°10'06"N
08°41'14"W

AVENIDA DE MONTEVIDEO 1

📷 f 4 · s 12 · ◉ 41°10'00 N · ◈ 08°41'18 W

1

▪ Avenida de Montevideo. A frente oceânica da Foz do Porto é uma das principais escolhas para passeios a pé.

▨ Avenida de Montevideo. Seafront at the mouth of the Douro River, prime choice for walking by the sea.

▨ Avenida de Montevideo. El frente oceánico de la desembocadura del río Duero en Oporto es una de las opciones favoritas para realizar paseos a pie.

▪ Avenida de Montevideo. Meerespromenade entlang der Mündung des Douro, beliebt für Spaziergänge am Meer.

▪ Avenida de Montevideo. La promenade du front de mer à Foz do Porto est l'un des principaux choix pour les balades à pied.

▨ 蒙特意导大道（Avenida de Montevideo）。为波尔图的海边大道，是海边散步的首选之地。

2

▪ Forte de São Francisco Xavier, séc. XVII, mais conhecido como Castelo do Queijo devido à forma arredondada do penedo onde foi erigido.

▨ Fort of São Francisco Xavier, 17th century, often called the 'Cheese Castle' as it was built reportedly on top a roundish rock.

▨ Fuerte de San Francisco Xavier, del siglo XVII, más conocido como Castelo do Queijo (castillo del queso) debido a la forma redondeada de la roca sobre la que se erigió.

▪ Festung von São Francisco Xavier, 17. Jahrhundert. Als „Käse-Schloss" bekannt, da die Festung der Legende nach auf einem rundlichen Felsen errichtet wurde.

▪ Fort de São Francisco Xavier, XVIIe siècle, plus connu sous le nom de « Château du Fromage » à cause de la forme arrondie du promontoire sur lequel il a été érigé.

▨ 圣弗朗西斯科城堡（Forte de São Francisco），十七世纪的建筑，因在圆形的岩石上而建亦被称为奶酪城堡（Castelo do Queijo）。

CASTELO DO QUEIJO

f 9
s 100

41°10'05 N
08°41'23 W

2

1

- Homem do Leme, admirável escultura de 1934, é uma homenagem às gentes do mar.

- Homem do Leme (Helmsman), impressive sculpture from 1934 honouring all fishermen.

- Homem do Leme. Esta admirable escultura de 1934 es un homenaje a la gente del mar.

- Homem do Leme (Der Steuermann), beeindruckende Statue von 1934 zur Ehrung des Fischervolkes.

- Homem do Leme. Cet « homme au gouvernail » est une admirable sculpture de 1934, qui rend hommage aux gens de la mer.

- 舵手雕塑 (Homem do Leme)，1934年的雕像是对以海为生的民众的致意。

2

- Pérgula. Construída na década de 20 do século XX, é a principal imagem de marca da frente marítima da Foz.

- Colonnade. Built in the 1920s, main landmark of the Foz seafront.

- Pérgola. Construida en la década de los años 20 del siglo XX, es la principal imagen de marca del frente marítimo de la desembocadura.

- Säulengang. Erbaut in den Zwanzigern, Wahrzeichen der Strandpromenade an der Flussmündung.

- Pergola. Construite dans les années 1920, c'est la principale image de marque du front de mer de la Foz.

- 凉台 (Pérgula)。二十世纪的20年代建造，是波尔图出海口海景的著名标志。

PÉRGULA DA FOZ 2

f 14   41°09'27 N
s 125   08°40'58 W

1

Farol de Felgueiras. Este farolim na foz do Douro, com cerca de 10 m de altura, data de finais do séc. XIX.

Felgueiras Lighthouse. Built in the late 19th century, the lighthouse at the mouth of the Douro river is roughly 30 feet tall.

Faro de Felgueiras. Este faro situado en la desembocadura del río Duero, con unos 10 m de altura, data de finales del siglo XIX.

Felgueiras-Leuchtturm. Der Ende des 19. Jahrhunderts erbaute Leuchtturm an der Mündung des Douro ist etwa 30 Meter hoch.

Phare de Felgueiras. Ce phare situé à l'embouchure du Douro, haut d'environ 10 m, date de la fin du XIXe siècle.

菲尔各拉灯塔 (Farol de Felgueiras)。位于杜罗河河口，高10米，建于十九世纪。

2

Estátua do Anjo Mensageiro e Ponte da Arrábida, a última ponte do Douro antes do oceano Atlântico.

Statue of the Messenger Angel and Arrábida Bridge, last bridge over the Douro river before the Atlantic ocean.

Estatua del ángel mensajero y Puente de Arrábida, el último puente del Duero antes del océano Atlántico.

Statue des Gesandten Engels und Arrábida-Brücke, letzte Brücke über den Douro vor dem Atlantik.

Statue de l'Ange Messager et Pont da Arrábida, le dernier pont sur le Douro avant l'océan Atlantique.

天使信使雕像 (Estátua do Anjo Mensageiro) 和阿拉比达大桥 (Ponte da Arrábida)，杜罗河入海之前的最后一个大桥。

FAROL DE FELGUEIRAS 1

f 16   41°08'56 N
s 800   08°40'32 W

1|2

Casa de Chá da Boa Nova. Uma das primeiras obras do arquiteto Siza Vieira, está localizada a apenas dois metros da água e fica situada junto ao farol de Leça da Palmeira.

Casa de Chá da Boa Nova. This tea house is one of the first works created by famous Portuguese architect Siza Vieira. It stands only two metres from the water and is located next to the Leça da Palmeira lighthouse.

Casa de té de Boa Nova. Se trata de una de las primeras obras del arquitecto Siza Vieira, está ubicada a solo dos metros del agua y junto al faro de Leça da Palmeira.

Casa de Chá da Boa Nova. Das Teehaus ist eines der ersten Werke des berühmten portugiesischen Architekten Siza Vieira. Es liegt gerade mal zwei Meter vom Wasser entfernt und befindet sich neben dem Leuchtturm von Leça da Palmeira.

Restaurant Casa de Chá da Boa Nova. C'est l'une des premières réalisations de l'architecte Siza Vieira, située à seulement deux mètres de l'eau, près du phare de Leça da Palmeira.

新博撒茶室 (Casa de Chá da Boa Nova)。著名建筑师西塞·维埃拉的代表作，仅与大西洋相隔两米，与莱萨·达·帕尔梅拉 (Leça da Palmeira) 灯塔比邻。

1

🏳️ Ribeira. Foi nesta zona que, em 1835, atracou o navio que vinha do Brasil com o coração de D. Pedro IV.

🇬🇧 Ribeira. In 1835, the ship bringing King Pedro IV's heart from Brazil arrived here.

🇪🇸 Ribeira. En 1835 en esta zona atracó el navío que venía de Brasil con el corazón de don Pedro IV.

🇩🇪 Ribeira. Im Jahre 1835 legte hier das Schiff, das das Herz von König Pedro IV aus Brasilien trug, an.

🇫🇷 Ribeira. C'est dans ce quartier qu'accosta en 1835 le navire qui rapportait du Brésil le cœur du roi Pedro IV.

🇨🇳 滨水保留带 (Ribeira)。1835年，远道巴西，携带着佩德罗四世 (D. Pedro IV) 的心脏的船只在此靠岸。

2

🏳️ Casa do Infante, séc. XIV. Aqui nasceu o Infante D. Henrique e aqui também funcionou a Alfândega.

🇬🇧 Casa do Infante, 14th century. Building where Infante Dom Henrique (Henry the Navigator) was born, also served as the customs house.

🇪🇸 Casa del Infante, siglo XIV. Aquí nació el Infante don Henrique y también funcionó como aduana.

🇩🇪 Casa do Infante, 14. Jahrhundert. Gebäude, in dem Infante Dom Henrique (Heinrich der Seefahrer) geboren wurde, diente auch als Zollhaus.

🇫🇷 Casa do Infante, XIVe siècle. C'est la maison où naquit le prince Henri le Navigateur et qui abrita aussi les Douanes.

🇨🇳 王子宫 (Casa do Infante)，十四世纪的建筑。亨里克王子 (D. Henrique) 在这里出生，后为海关之用。

RIBEIRA 1

📷 f 9
s 400

⬤ 41°08'26 N
08°36'42 W

f 8
s 80

41°08'27 N
08°36'52 W

1|2|3

Ribeira e (1)"Alminhas" da Ponte das Barcas. Este é um memorial às centenas de portuenses que morreram em 29 de março 1809, em fuga às tropas de Napoleão. A ponte não aguentou o peso da multidão em fuga e colapsou.

Ribeira and (1)Alminhas da Ponte das Barcas (Barcas Bridge Memorial). Memorial to the hundreds of Oporto citizens who died on 29th of March, 1809, when fleeing Napoleon's army. The bridge collapsed under the weight of the crowd.

Ribeira y (1)"Alminhas" da Ponte das Barcas (Monumento al Puente de las Barcas). Memorial a las centenas de habitantes de Oporto que murieron el 29 de marzo de 1809, mientras huían de las tropas de Napoleón. El puente no aguantó el peso de la multitud en fuga y colapsó.

Ribeira und (1)„Alminhas da Ponte das Barcas"(Gedenkstätte der Opfer der Barcas-Brücke). Denkmal für die Hunderte von Porto-Bürgern, die am 29. März 1809 starben, als sie vor der Armee Napoleons flohen. Die Brücke brach unter dem Gewicht der Menge zusammen.

Ribeira et (1) « Alminhas » de Ponte das Barcas. C'est un mémorial aux centaines d'habitants de Porto qui moururent le 29 mars 1809, en cherchant à fuir les troupes de Napoléon. Le pont ne résista pas sous le poids de la foule en fuite et il s'effondra.

滨水保留带（Ribeira）和（1）埃门卡斯斯（Ponte das Barcas）之"遗魂"，为纪念1809年3月29号为逃离拿破仑部队而亡命的数百个波尔图人。当时桥因超载而倒塌。

1|2|3

Festas de S. João, provavelmente com origem no solstício de verão. Embora a Santa Padroeira do Porto seja a Senhora da Vandoma, é o dia de São João, 24 de junho, que marca o feriado municipal e permite as grandes festas na noite de 23.

Festas de São João (Saint John's Eve), probably originating from summer solstice festivities. While Oporto patron saint is Our Lady of Vendôme, the municipality's holiday is Saint John's Eve on 24th of June.

Fiestas de San Juan, probablemente con origen en el solsticio de verano. Aunque la santa patrona de Oporto sea Nuestra Señora de Vandoma, es el día de San Juan, el 24 de junio, el que marca el festivo municipal y permite las grandes fiestas que se realizan la noche del día 23.

Festas de São João (Johannisfest), ursprünglich wahrscheinlich aus dem Sommer-Sonnenwende-Fest entstanden. Portos Schutzpatronin ist zwar Unsere Dame von Vendôme, aber der Gemeindefeiertag ist das Johannisfest am 24. Juni.

Fête de la Saint-Jean. Prend probablement son origine dans le solstice d'été. Bien que la patronne de Porto soit Notre-Dame de Vendôme, c'est le jour de la Saint-Jean, le 24 juin, qui marque le férié municipal.

圣若昂节（Festas de S. João），据说起源夏至。波尔图的守护神是旺朵玛马圣母（Santa Padroeira Senhora da Vandoma），6月24号的圣若昂节是波尔图的城市节。

FESTAS DE S. JOÃO 1

f 2.8 · s 40 · 41°08'25 N · 08°36'50 W

FESTAS DE S. JOÃO 2

f 5.6 · s 3.2" · 41°08'17 N · 08°36'31 W

f 7.1
s 3.2"

41°08'54 N
08°38'26 W

f 9 s 10" 41°08'20 N 08°36'33 W

PONTE D. LUIZ 2

f 5.6 s 170 41°08'32 N 08°36'21 W

PONTE D. LUIZ 1

1|2|3

■ Ponte D. Luiz. Inaugurada em 1886, é obra de um colaborador de Gustave Eiffel. Construída em ferro, é ainda hoje o maior arco do mundo em ferro forjado. Tem quase 400 m comprimento e 8 m de largura.

King Luís I bridge. Inaugurated in 1886, the bridge was designed by a disciple of Gustave Eiffel. It is to this day the world's largest cast-iron arch. The bridge is roughly 1300 feet long e 26 feet wide.

Puente don Luís. Inaugurado en 1886, es obra de un colaborador de Gustave Eiffel. Se construyó en hierro y continúa siendo el mayor arco del mundo en hierro forjado. Tiene casi 400 m de longitud y 8 m de anchura.

König-Luís I-Brücke. Eingeweiht im Jahre 1886, wurde die Brücke von einem Schüler Gustave Eiffels entworfen. Sie hat bis heute den weltgrößten Gusseisenbogen. Die Brücke ist fast 400 Meter lang und 8 Meter breit.

Pont Dom Luiz. Inauguré en 1886, c'est l'oeuvre d'un collaborateur de Gustave Eiffel. Construit en fer, ce pont est aujourd'hui encore le plus grand arc au monde en fer forgé. Il mesure près de 400 m de long et 8 m de large.

路易斯一世铁路桥 (Ponte D. Luiz)，1886年启用，为普与古斯塔夫·埃菲尔 (Gustave Eiffel) 合作的工程师设计。铁制结构，至今仍是世界上跨度最大的锻铁桥。桥面长度达400米，桥面宽8米。

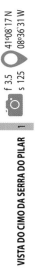

f 3.5   41°08'17 N

s 125   08°36'31 W

1

VISTA DO CIMO DA SERRA DO PILAR

1|2 Serra do Pilar, em Gaia, encimada por um mosteiro do séc. XVI cujas plantas da Igreja e claustro são circulares. É daqui que se tem a mais conhecida vista para a cidade do Porto.

Serra do Pilar, a high rock in Gaia, topped by a 16th-century monastery whose church and cloister have circular floorplans. The site offers the most famous view of the city of Oporto.

Sierra del Pilar, en Gaia, coronada por un convento del siglo XVI cuya planta, tanto la de la Iglesia como la del claustro, es circular. Esta es la vista más conocida de la ciudad de Oporto.

Serra do Pilar. Hoher Felsen in Gaia, auf dem ein Kloster aus dem 16. Jahrhundert steht. Die Kirche und das Kloster haben kreisförmige Grundrisse. Von hier hat man den berühmtesten Blick auf Porto.

Serra do Pilar, à Gaia. Colline surmontée d'un monastère du XVIe siècle, dont l'église et le cloître sont de plan circulaire. C'est d'ici que l'on a la vue la plus célèbre de la ville de Porto.

地处加亚新城的柱子山（Serra do Pilar），山顶上有座十六世纪的修道院，其寺院的平面为圆形。为看波尔图市景的最佳之处。

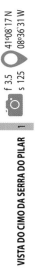

VISTA DO CIMO DA SERRA DO PILAR

f 8   s 1.3"   41°08'17 N   08°36'31 W   2

1|2 ■ Barcos rabelos, com características específicas para o transporte das pipas de vinho do Porto. Estes barcos faziam a ligação entre o alto Douro, zona do cultivo da vinha, e Gaia, onde se armazenavam as pipas.

■ 'Rabelo' boats, specially built for transporting Port wine barrels. The boats connected the upper Douro vineyards and Gaia, where the barrels were stored.

■ Barcos rabelos, con características específicas para el transporte de las barricas de vino de Oporto. Estos barcos unían el alto Duero, la zona de cultivo de la vid y Gaia, el lugar donde se almacenaban las barricas.

■ „Rabelo"-Boote, für den Transport von Portweinfässern gebaut. Die Boote verbanden früher die Weinberge des oberen Douro-Gebietes und Gaia, wo die Fässer gelagert wurden.

■ Bateaux « rabelos », spécialement conçus pour le transport des tonneaux de vin de Porto. Ces embarcations assuraient la liaison entre les vignobles du Haut Douro et Gaia, où étaient entreposés les tonneaux.

■ 雷贝洛式平底小船（Barcos Rabelos），专门用于运载桶装的波特酒。这些船连接了杜罗河上游的波特酒产区和储酒的加亚新城。

f 7.1
s 100

41°08'16 N
08°36'44 W

f 8
s 160

41°08'17 N
08°37'13 W

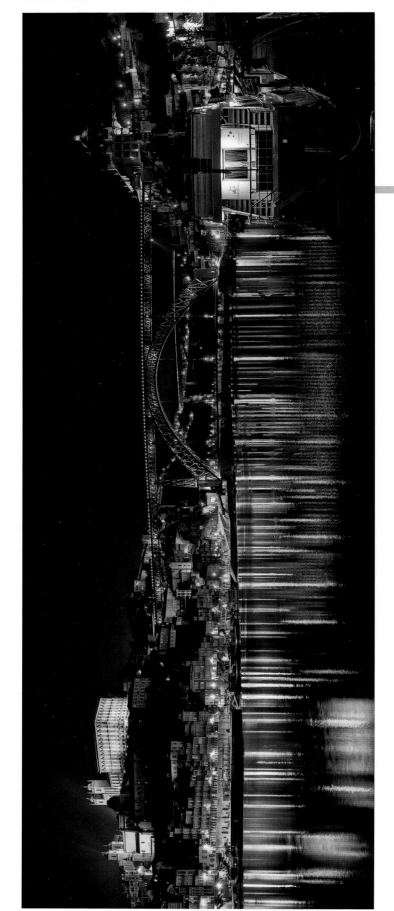

1|2 A cidade de Gaia, devido à sua localização geográfica, foi sempre o entreposto privilegiado para receber, armazenar e exportar o vinho do Porto, primeiro para Inglaterra e depois para o mundo.

Thanks to its geographical location, the city of Gaia has always been the number one location for receiving, storing and exporting Porto wine, first to England and later on worldwide.

La ciudad de Gaia, debido a su ubicación geográfica, siempre fue una zona privilegiada para recibir, almacenar y exportar el vino de Oporto, primero a Inglaterra y después al resto del mundo.

Dank seiner geographischen Lage ist die Stadt Gaia seit alters her der wichtigste Ort für den Empfang, die Lagerung und den Export von Portwein, anfangs nur nach England, später dann auch weltweit.

De par sa situation géographique, Gaia a toujours été l'entrepôt privilégié pour recevoir, entreposer et exporter le vin de Porto, d'abord vers l'Angleterre, puis vers le monde entier.

加亚新城（Cidade de Gaia）。由于其地理优势，一直以来都是接收、存储和出口波特酒的重要枢纽。最初波特酒从这里出口到英国，后来出口到世界各地。

VISTA DESDE A MARGEM DE GAIA

f 1.8   41°08'17 N
s 30   08°37'13 W

2

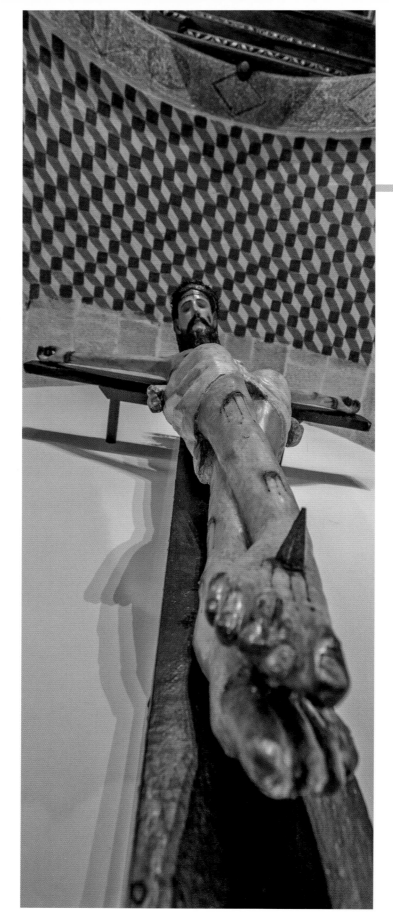

1|2 Convento do Corpus Christi, em Gaia. Fundado no séc. XIV, sofreu várias alterações ao longo do tempo. A parte que se pode visitar atualmente é principalmente composta por construções do séc. XVII.

Corpus Christi Convent in Gaia. Founded in the 14th century, the convent has undergone numerous alterations over the centuries. The part that is open to the public comprises mostly constructions from the 17th century.

Convento del Corpus Christi, en Gaia. Se fundó en el siglo XIV y ha sufrido diversos cambios a lo largo del tiempo. La parte que se puede visitar actualmente está compuesta principalmente por construcciones del siglo XVII.

Corpus-Christi-Kloster in Gaia. Das im 14. Jahrhundert gegründete Kloster hat im Laufe der Jahrhunderte zahlreiche Veränderungen erfahren. Der öffentlich zugängliche Teil umfasst hauptsächlich Bauwerke aus dem 17. Jahrhundert.

Couvent du Corpus Christi, à Gaia. Fondé au XIVe siècle, il a subi plusieurs remaniements au long du temps. La partie qui peut être visitée actuellement est surtout composée de constructions du XVIIe siècle.

科帕克利士修道院（Convento do Corpus Christi），位于加亚新城。奠基于十四世纪，但之后不断得到改建。目前能参观的地方大部分为十七世纪所建。

f 4 s 60 41°08'11 N 08°37'03 W

f 8 s 100 41°08'11 N 08°37'03 W

1|2|3

 Convento do Corpus Christi. Aqui se encontra o túmulo de Álvaro Anes de Cernache, importante combatente da Ala dos Namorados na Batalha de Aljubarrota em 1385.

 Corpus Christi Convent. Houses the tomb of Álvaro Anes de Cernache, important warrior at the Battle of Aljubarrota in 1385 between Portugal and Castile.

 Convento del Corpus Christi. Aquí se encuentra la tumba de Álvaro Anes de Cernache, importante combatiente del Ala de los enamorados (flanco izquierdo llamado así por la juventud de sus sol) en la batalla de Aljubarrota en 1385.

 Corpus-Christi-Kloster. Hier befindet sich die Grabstätte von Álvaro Anes de Cernache, wichtiger Krieger der Schlacht von Aljubarrota im Jahre 1385 zwischen Portugal und Kastilien.

Couvent du Corpus Christi. Ce couvent abrite le tombeau de Álvaro Anes de Cernache, un important combattant de la Bataille d'Aljubarrota en 1385, qui marque la victoire des Portugais sur les Castillans.

 科珀克利士修道院（Convento do Corpus Christi）。在这里下葬了艾华路・德・那斯・德・瑟诺奇（Álvaro Anes de Cernache），1385年阿朗祖巴洛特战役的一个著名勇士。

f 5.6   41°08'11 N
s 60   08°37'03 W
3

1|2|3

🇵🇹 Casa-Museu Teixeira Lopes. Edifício de fnais do séc. XIX, da autoria de José Teixeira Lopes, irmão do grande escultor António Teixeira Lopes que aqui residiu e trabalhou.

🇬🇧 Casa-Museu Teixeira Lopes. House museum in a late 19th century building designed by José Teixeira Lopes, brother to renowned Portuguese sculptor António Teixeira Lopes, who lived and worked here.

🇪🇸 Casa museo Teixeira Lopes. Edificio de fnales del siglo XIX, de la autoría de José Teixeira Lopes, hermano del gran escultor António Teixeira Lopes que residió y trabajó en ella.

🇩🇪 Casa-Museu Teixeira Lopes. Hausmuseum in einem Gebäude des späten 19. Jahrhunderts, entworfen von José Teixeira Lopes, Bruder des renommierten portugiesischen Bildhauers António Teixeira Lopes, der hier lebte und arbeitete.

🇫🇷 Musée Teixeira Lopes. Maison de la fn du XIXe siècle, dessinée par l'architecte José Teixeira Lopes, frère du grand sculpteur António Teixeira Lopes, qui y habita et y travailla.

🇨🇳 特肖拉·洛佩斯故居（Casa-Museu Teixeira Lopes）。这座十九世纪的建筑，由在此生活和创作的著名雕塑家安东尼奥·特肖拉·洛佩斯的兄弟·洛佩斯设计。

f 11
s 2"

41°07' 43 N
08°36' 41 W

1|2

🟦 Na Casa-Museu Teixeira Lopes podem ser admiradas belíssimas peças de arte – não só esculturas de Teixeira Lopes e Soares do Reis como também pinturas e artes decorativas de vários autores.

🟦 The Casa-Museu Teixeira Lopes house museum has remarkable artworks on display, ranging from sculptures by Teixeira Lopes and Soares do Reis to paintings and decorative art by a variety of authors.

🟦 En la casa museo Teixeira Lopes se pueden admirar bellísimas piezas de arte: no solo esculturas de Teixeira Lopes y Soares do Reis, sino también pinturas y artes decorativas de varios autores.

🟦 Das Hausmuseum Casa-Museu Teixeira Lopes verfügt über bemerkenswerte Kunstwerke, über Skulpturen von Teixeira Lopes und Soares do Reis bis zu Gemälden und dekorativer Kunst von einer Vielzahl von Autoren.

🟦 Le Musée Teixeira Lopes abrite de magnifiques œuvres d'art – des sculptures de Teixeira Lopes et de Soares dos Reis, mais aussi des peintures et des pièces d'arts décoratifs de plusieurs auteurs.

🟦 在特谢拉·洛佩斯故居（Casa-Museu Teixeira Lopes）可以欣赏 珍贵的艺术收藏品。这里不仅收藏了特谢拉(Teixeira Lopes)本 人和索阿雷斯·雷伊斯（Soares dos Reis)的作品，也有其他艺 术家的绘画和装饰品。

1|2 | Caves do vinho do Porto. É nas encostas de Gaia que se concentra grande parte das caves das Companhias de vinho do Porto. Aqui se conserva este néctar em enormes espaços escuros e frescos.

Port Wine Cellars. Most of the Port wine cellars are located on the Gaia hillside. The sweet nectar is stored here in dark and cool cavernous cellars.

Bodegas del vino de Oporto. La mayor parte de las bodegas de las compañías de vino de Oporto se concentra en las laderas de Gaia. En ellas se conserva este néctar, en enormes espacios oscuros y frescos.

Caves do vinho do Porto. An diesem Hang in Gaia liegen die meisten Portweinkeller der Stadt. Der süße Nektar wird hier in dunklen, kühlen Kellern aufbewahrt

Caves du vin de Porto. C'est sur les coteaux de Gaia que se concentre une grande partie des caves des compagnies de vin de Porto. Ce nectar y est conservé dans d'énormes espaces sombres et frais.

波特酒窖（Caves do Vinho do Porto）。大部分的波特酒窖都建在加亚山坡上。美味的波特酒储存在凉爽避光的酒窖内。

f 10
s 10"

41°08'13 N
08°37'09 W

1

1|2

Porto Ferreira é uma das casas mais antigas, cuja data de criação data de meados do séc. XVIII. A ela está ligada à grande impulsionadora portuguesa Dona Antónia Ferreira, mais conhecida por Ferreirinha.

Porto Ferreira is one of the oldest houses, established in the mid-18th century. Closely connected with the famous Portuguese businesswoman Antónia Ferreira, often referred to as 'Ferreirinha.'

Porto Ferreira es una de las casas más antiguas, cuya fecha de creación data de mediados del siglo XVIII. Su nombre está estrechamente vinculado a la gran empresaria portuguesa doña Antónia Ferreira, más conocida como Ferreirinha.

Mitte des 18. Jahrhunderts gegründet, ist Porto Ferreira ist eines der ältesten Portwein-Häuser. Eng verbunden mit der berühmten portugiesischen Geschäftsfrau Antónia Ferreira, die oft liebevoll „Ferreirinha" genannt wird.

Porto Ferreira est l'une des maisons les plus anciennes, dont la création remonte au milieu du XVIIIe siècle. Son nom est étroitement lié à la grande viticultrice et femme d'affaires portugaise Dona Antónia Ferreira, plus connue sous le nom de Ferreirinha.

费雷拉波特酒 (Porto Ferreira) 是波特酒中历史最悠久的一个酒窖。莫基于十八世纪，由安东尼娅•费雷拉女士 (Dona Antónia Ferreira，昵称费雷琳娜) 致力推动而立足。

41°08'13 N
08°37'09 W

f 13
s 10"

1|2 🇵🇹 Taylor's, empresa fundada em finais do séc. XVII por um comerciante inglês cuja família se viria a estabelecer no norte de Portugal. Foram dos primeiros estrangeiros a avançar com a exploração vinícola do Douro.

🇬🇧 Taylor's, company founded in the late 17th century by a British trader whose family eventually established in the North of Portugal. They were the first foreigners to exploit wine in the Douro region.

🇪🇸 Taylor's es una empresa fundada a finales del siglo XVII por un comerciante inglés cuya familia se estableció en el norte de Portugal. Fueron los primeros extranjeros en avanzar con la explotación vinícola del Duero.

🇩🇪 Taylor's, Ende des 17. Jahrhundert vom einem britischen Händler gegründete Firma. Die Familie Taylor hat sich später im Norden Portugals niedergelassen und war die erste ausländische Familie, die den Weinbau in der Douro-Region für den Handel erschloss.

🇫🇷 Taylor's, entreprise fondée à la fin du XVIIe siècle par un commerçant anglais dont la famille allait s'établir dans le nord du Portugal. Ils furent les premiers étrangers à se lancer dans l'exploitation vinicole du Douro.

🇨🇳 泰勒（Taylor's）波特酒公司，十七世纪末由一个英国商人泰勒创建。其后在葡萄牙北部成家立业。从此开始了外国人开发杜罗河谷地区的葡萄园和葡萄酒的历史。

CAVES DO VINHO DO PORTO 1

f 4   s 60   41°08'01 N   08°36'50 W

f 4
s 60

41°07'54 N
08°36'01 W

1|2 Tanoaria. Arte tradicional de construção de vasilhame de madeira para armazenamento e conservação dos vinhos por longos períodos. Consoante a sua capacidade, podem ser pipas, tonéis, balsas, etc.

Cooperage. Traditional craft of building wooden vessels for storing and preserving wine for an extended period. Those vessels may be barrels, tuns, kegs, etc.

Tonelería. Arte tradicional de construcción de recipientes de madera para el almacenamiento y conservación de los vinos durante largos períodos. Según su capacidad, pueden ser barricas, toneles, cubas, etc.

Fassbinderei. Traditionelles Handwerk zum Erstellen hölzerner Gefässe für die Lagerung und Aufbewahrung von Wein über längere Zeiträume. Dabei kann es sich um Fässer, Bariquen, usw. handeln.

Tonnellerie. Art traditionnel de construire des récipients en bois pour stocker et conserver les vins pendant de longues périodes. Selon leur capacité, on les appellera barriques, tonneaux, fûts, etc.

制桶（Tanoaria）。制作用于长期储酒的木头容器的传统技术。不同的容量，有不同的名称，如酒桶、酒罐、大酒桶等等。

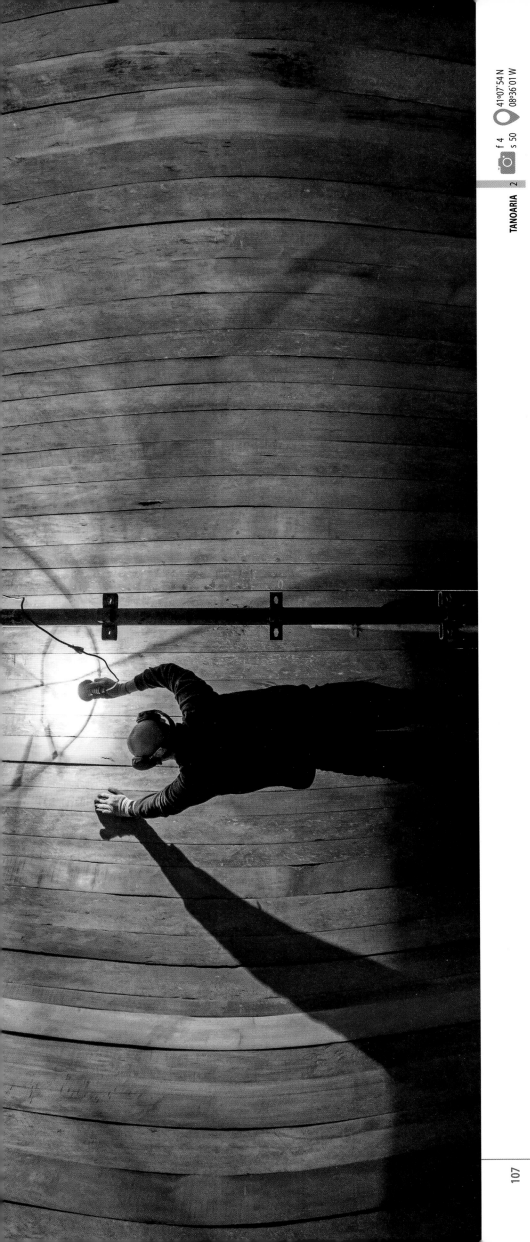

1|2 São Pedro da Afurada. Freguesia da margem esquerda da foz do Douro. Está ainda muito ligada às artes tradicionais da pesca e onde ainda se pode ver lavadeiras a trabalhar num lavadouro comunitário.

São Pedro da Afurada. Civil parish on the left bank of the mouth of the Douro river. Traditional craftspeople can still be seen here, such as fishermen and washerwomen at the public washhouse.

São Pedro da Afurada. Municipio de la orilla izquierda de la desembocadura del Duero. Aún conserva las artes tradicionales de la pesca y todavía se pueden ver lavanderas trabajando en un lavadero comunitario.

São Pedro da Afurada. Gemeinde am linken Ufer des Douro. Hier gibt es noch traditionelle Handwerker, wie z. B. Fischer und Waschfrauen im öffentlichen Waschhaus.

São Pedro da Afurada. Quartier situé sur la rive gauche de l'embouchure du Douro, très lié aux arts traditionnels de la pêche et où l'on peut encore voir les lavandières laver leur linge au lavoir communautaire.

圣佩得•阿福拉（São Pedro da Afurada）杜罗河河口左岸的社区。这里还采用传统的捕鱼方式，还可以看到在公用洗衣池里洗衣的妇女。

f 4
s 60

41°08'33 N
08°38'53 W

1

🔲 Alto Douro na zona de Resende com cerejeiras em flor.

🔲 Upper Douro, Resende region with cherry blossoms.

🔲 Alto Duero en la zona de Resende con cerezos en flor.

🔲 Oberer Douro, Resende-Region mit Kirschblüten.

🔲 Haut Douro, dans la zone de Resende avec les cerisiers en fleur.

🔲 杜罗河上游前圣德（Resende），樱桃花怒放。

2

🔲 Mosteiro de Santa Maria de Cárquere, séc. XII. Aqui se deu o primeiro milagre na vida de D. Afonso Henriques, com a cura de uma maleita que o afetava desde o nascimento.

🔲 Monastery of Santa Maria de Cárquere, 12th century. Place where the first miracle in King Alphonso I's life occurred – he was healed from an affliction that he had had since birth.

🔲 Monasterio de Santa Maria de Cárquere, siglo XII. Aquí tuvo lugar el primer milagro en la vida de don Afonso Henriques, gracias al cual fue sanado de una dolencia de nacimiento.

🔲 Kloster von Santa Maria de Cárquere, 12. Jahrhundert. Ort, an dem das erste Wunder im Leben des Königs Alphonso I geschah: er wurde von einem Leiden geheilt, das er seit seiner Geburt hatte.

🔲 Monastère de Santa Maria de Cárquere, XIIe siècle. C'est ici que se produisit le premier miracle de la vie du roi Afonso Henriques, avec la guérison d'une maladie dont il souffrait depuis la naissance.

🔲 圣玛利亚·德·卡克日修道院（Mosteiro de Santa Maria de Cárquere），十二世纪。这是阿方索一世（D. Afonso Henriques）生命中第一次出现奇迹的地方，先天之疾不治而愈。

41°05'47 N
08°05'32 W

f 5
s 60

1

| Rio Douro na zona de Ribadouro.

| Douro river in the Ribadouro region.

| Río Duero en la zona de Ribadouro.

| Douro im Ribadouro-Gebiet.

| Le Douro, dans la zone de Ribadouro.

| 流经丽芭杜罗区（Ribadouro）的杜罗河。

2

| Rio Douro em Caldas de Aregos, de frente para Santa Cruz do Douro.

| Douro river at Caldas de Aregos, looking toward Santa Cruz do Douro.

| Río Douro en Caldas de Aregos, frente a Santa Cruz do Douro.

| Douro bei Caldas de Aregos, Blick auf Santa Cruz do Douro.

| Le Douro, à Caldas de Aregos, face à Santa Cruz do Douro.

| 流经卡尔达•阿雷果（Caldas de Aregos）的杜罗河，面对圣克罗斯•德•杜罗（Santa Cruz do Douro）。

f 11
s 100

41°06'09 N
08°00'42 W

41°06'23 N
08°00'26 W

f 5   s 80   1

1

■ "Tormes" (Santa Cruz do Douro). Painéis alusivos à obra *A Cidade e as Serras* de Eça de Queiroz.

■ Santa Cruz do Douro. Stone panels with scenes from the book *A Cidade e as Serras* (The City and the Hills) by Eça de Queiroz, where the town is called 'Tormes'.

■ "Tormes" (Santa Cruz do Douro). Paneles alusivos a la obra *La ciudad y las sierras* de Eça de Queiroz.

■ Santa Cruz do Douro. Bildplatten zum Buch "A Cidade e as Serras" (Die Stadt und die Berge) von Eça de Queiroz, in dem die Stadt "Tormes" genannt wird.

■ « Tormes » (Santa Cruz do Douro). Panneaux évoquant l'oeuvre *A Cidade e as Serras* (La Ville et les montagnes) de Eça de Queiroz.

■ "陀尔摸"（"Tormes"）（圣克罗斯·德·杜罗）（Santa Cruz do Douro）。壁画演示了艾萨·德·克罗兹（Eça de Queiroz）的作品"城与山"（"A Cidade e as Serras"）。

2

■ Estação ferroviária de Caldas de Aregos, inserida na espetacular linha do Douro.

■ Caldas de Aregos railway station, part of the renowned panoramic Douro line.

■ Estación ferroviaria de Caldas de Aregos, que forma parte de la espectacular línea del Duero.

■ Bahnhof von Caldas de Aregos, Teil der berühmten Douro-Panorama-Linie.

■ Gare de Caldas de Aregos, insérée sur la spectaculaire ligne de chemin de fer qui longe le Douro.

■ 卡尔达·阿雷果火车站（Estação Ferroviária de Caldas de Aregos），坐落在无限风光的杜罗河铁路线上。

114

ESTAÇÃO DE CALDAS DE AREGOS

41°06'23 N
08°00'26 W

f 4
s 60
2

115

1|2 ■■ Fundação Eça de Queiroz. Instalada na Quinta de Vila Nova em Santa Cruz do Douro, mais conhecida como "Tormes" nas páginas do romance *A Cidade e as Serras*, aqui se encontra algum do espólio do autor.

■■ Fundação Eça de Queiroz. Housed at the Quinta de Vila Nova in Santa Cruz do Douro, more commonly known by the fictitious name it is given in the novel A Cidade e as Serras (The City and the Hills) by Eça de Queiroz, objects from the writer's estate are on display.

■■ Fundación Eça de Queiroz. Se encuentra instalada en la Quinta de Vila Nova en Santa Cruz do Douro, más conocida como "Tormes" en las páginas de la novela *La ciudad y las sierras*, y en ella se pueden encontrar algunas de las pertenencias del autor.

■■ Fundação Eça de Queiroz. Untergebracht in der Quinta de Vila Nova in Santa Cruz do Douro, bekannt in Portugal eher unter dem fiktiven Namen, den es in dem Roman „A Cidade e as Serras" (Die Stadt und die Berge) von Eça de Queiroz trägt. Gegenstände aus dem Nachlass des Schriftstellers sind hier zu sehen.

■■ Fondation Eça de Queiroz. Installée au domaine de la Quinta de Vila Nova à Santa Cruz do Douro, plus connue sous le nom de « Tormes » dans les pages du roman *A Cidade e as Serras* (La Ville et les montagnes), elle abrite une partie de l'héritage du célèbre écrivain.

■■ 艾萨·德·克罗兹基金会（Fundação Eça de Queirós）。所在地圣克罗斯·德·杜罗镇（Santa Cruz）的新庄园，在小说"城与山"（"A Cidade e as Serras"）被称为"吒尔莱"。基金会保存了作家的部分遗产。

FUNDAÇÃO EÇA DE QUEIROZ

f 7.1   41°07'29 N
s 200   08°00'16 W

2

1|2

Pinhão. Mais uma vila, mais uma curva deste sinuoso Douro que atravessa Portugal, desde a fronteira a leste até à sua confluência com o Oceano Atlântico na foz do Porto.

Pinhão. Town in a bend of the Douro river that crosses Portugal from its border in the east until it flows into the Atlantic ocean in Oporto.

Pinhão. Otro pueblo, otra curva de este sinuoso Duero que atraviesa Portugal, desde la frontera al este hasta su confluencia con el océano Atlántico en su desembocadura en Oporto.

Pinhão. Stadt in einer Biegung des Douro, der Portugal von der Grenze im Osten bis hin zur Mündung im Atlantik in Porto durchquert.

Pinhão. Plus qu'un village, c'est une des nombreuses courbes de ce Douro sinueux qui traverse le Portugal, depuis la frontière espagnole à l'est jusqu'à la confluence avec l'océan Atlantique, à Porto.

皮尼昂（Pinhão）。又一小镇，又一美妙的杜罗河河湾。杜罗河从东部边境起，蜿蜒葡萄牙，在波尔图出海。

f 13
s 5"
41°1'21 N
07°32'36 W

f 11
s 800

41°11'17 N
07°32'34 W

PONTE DO PINHÃO 1

1
Ponte do Pinhão. Centenária ponte metálica que atravessa o rio Douro, foi projetada por Gustave Eiffel.

Pinhão bridge. Metal bridge from 1906 over the Douro river, designed by Gustave Eiffel.

Puente de Pinhão. Centenario puente metálico que atraviesa el río Duero, fue diseñado por Gustave Eiffel.

Brücke von Pinhão. Metallbrücke von 1906 über den Douro, entworfen von Gustave Eiffel.

Pont de Pinhão. Pont métallique centenaire qui traverse le Douro, dessiné par Gustave Eiffel.

皮尼昂桥 (Ponte do Pinhão)。跨越杜罗河的百年铁桥，为古斯塔夫·埃菲尔设计。

2
Vindimas. Bulício da apanha das uvas que todos os anos se repete entre setembro e outubro.

Vintage. Harvest of grapes that takes place every year between September and October.

Vendimias. Bullicio durante la recogida de las uvas que se repite todos los años entre septiembre y octubre.

Weinernte. Harte Arbeit bei der Weinernte, die jedes Jahr zwischen September und Oktober stattfindet.

Vendanges. Effervescence de la cueillette du raisin qui recommence chaque année entre septembre et octobre.

摘葡萄 (Vindimas)。每年的9-10月份是葡萄采摘的最佳季节。

f 6.3
s 320
2
41°12'00 N
07°32'06 W

1|2|3

■ Estação ferroviária do Pinhão. Data de finais do séc. XIX e está decorada com mais de vinte painéis de azulejos alusivos às várias etapas da produção do vinho do Porto.

■ Pinhão railway station. Built in the late 19th century, features twenty-four wall tiles depicting the different stages of Port wine production.

■ Estación ferroviaria de Pinhão. Data de finales del siglo XIX y está decorada con más de veinte paneles de azulejos alusivos a las diversas etapas de la producción del vino de Oporto.

■ Bahnhof von Pinhão. Erbaut Ende des 19. Jahrhundert, verfügt er über vierundzwanzig Wandfliesen, die die verschiedenen Etappen der Portweinherstellung darstellen.

■ Gare de Pinhão. Datant de la fin du XIXe siècle, elle est décorée de plus de vingt panneaux d'azulejos illustrant les différentes étapes de la production du vin de Porto.

■ 皮尼昂火车站（Estação Ferroviária do Pinhão）。十九世纪建筑，装饰着20多个锡釉花瓷砖拼板，演示波特酒的酿造流程。

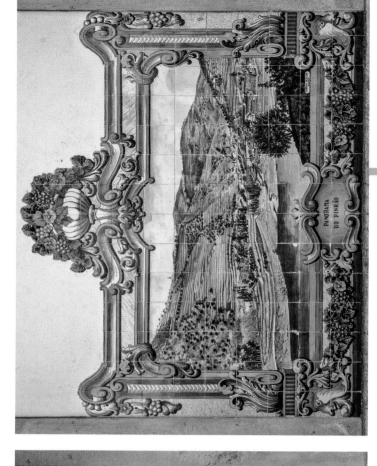

ESTAÇÃO DO PINHÃO 1

📷 f 8 / s 250 📍 41°11'25 N / 07°32'42 W

ESTAÇÃO DO PINHÃO 2

📷 f 8 / s 250 📍 41°11'25 N / 07°32'42 W

f 8
s 100

41°1'25 N
0°32'42 W

1

O rio Douro a montante do Pinhão, visto da estrada nacional 222.

Douro river upstream from Pinhão, view from national road no. 222.

El río Duero aguas arriba de Pinhão, visto desde la carretera nacional 222.

Douro stromaufwärts vor Pinhão, Blick von der Nationalstraße 222

Le Douro, en amont de Pinhão, vu de la route nationale 222.

222号国道上眺望皮尼昂山上游的杜罗河。

2

Imagem do rio Douro e das suas encostas iluminados em noite de lua cheia.

View of the Douro river and lighting on the slopes by the full moon.

Imagen del río Duero y de sus laderas iluminadas en una noche de luna llena.

Blick auf den Douro und beleuchtete Hänge im Licht des Vollmonds,

Vue du Douro et de ses coteaux illuminés par une nuit de pleine lune.

杜罗河山区的满月之夜。

RIO DOURO 1

f 18 41°10'16 N

s 0.6" 07°30'42 W

1

■ As margens do Douro perto de Resende em época das cerejeiras em flor.

▆ Banks of the Douro river near the town of Resende in the cherry bloom season.

▆ Las orillas del Duero cerca de Resende durante la época de los cerezos en flor.

▬ Ufer des Douro bei Resende während der Kirschblüte.

▬ Les berges du Douro, près de Resende à l'époque des cerisiers en fleur.

■ 荷圣德附近的杜罗河两岸，樱桃花盛开之季。

2

■ O Douro e as cerejeiras em flor vistos do Miradouro de São Silvestre em Mesão Frio.

▆ Douro river and cherry trees, view from the São Silvestre belvedere in Mesão Frio.

▆ El Duero y los cerezos en flor vistos desde el Mirador de São Silvestre en Mesão Frio.

▬ Douro und Kirschbäume, Blick vom São-Silvestre-Aussichtspunkt in Mesão Frio.

▬ Le Douro et les cerisiers en fleur vus du belvédère de São Silvestre, à Mesão Frio.

■ 杜罗河和樱桃花，梅桑·菲里欧 (Mesão Frio) 的圣西尔维斯特 (São Silvestre) 观景点。

f 7.1
s 100

41°06'16 N
07°59'14 W

CEREJEIRAS EM FLOR 1

1 ■ O Douro pintado de verde e branco com as cerejeiras em flor nos "idos de Março".

🏴 Douro river painted green and white during cherry blossom bloom in March.

■ El Duero pintado de verde y blanco con los cerezos en flor en los "idus de marzo".

■ Douro in grün und weiß während der Kirschblüte im März.

■■ Le Douro peint en vert et blanc, avec les cerisiers en fleur, à la mi-mars.

■ 绿白相间的杜罗河和三月中旬的樱桃花。

2 ■ O Douro é, segundo as palavras do escritor português Miguel Torga, "um poema geológico", com alguns versos do engenho humano, diríamos nós.

🏴 In the words of Portuguese writer Miguel Torga, the Douro river is "a geological poem", with a few man-made verses too.

■ El Duero es, según las palabras del escritor português Miguel Torga, "un poema geológico", con algunos versos del ingenio humano, añadiríamos nosotros.

■ In den Worten des portugiesischen Schriftstellers Miguel Torga ist der Douro ein „geologisches Gedicht", zu denen sich auch einige menschengemachte Strophen gesellen.

■■ Le Douro est, selon les mots de l'écrivain portugais Miguel Torga, « un poème géologique », avec quelques vers du génie humain, dirions-nous.

■ 按照作家米格尔·托尔加（Miguel Torga）的说法，杜罗河是一个"地质创作的诗歌"，我们要说，却又有人工巧匠的吟唱。

128

1

🇵🇹 Nem só de vinha vive o Douro, também as oliveiras e as pastagens lhe fazem companhia.

🇬🇧 The Douro river thrives not only on wine – olive trees and pastures play an equally important part.

🇪🇸 El Duero no vive solo de la viña, también le hacen compañía los olivos y los pastos.

🇩🇪 Der Douro lebt nicht nur vom Wein - Olivenbäume und Weideflächen hier spielen eine ebenso wichtige Rolle.

🇫🇷 Le Douro ne vit pas que de la vigne : les oliviers et les pâturages lui tiennent aussi compagnie.

🇨🇳 杜罗河不只是葡萄园的风光，橄榄树林和遍地羊群也同是一景。

2

🇵🇹 As amendoeiras em flor perto de Vila Flor.

🇬🇧 Almond trees in bloom near Vila Flor.

🇪🇸 Los almendros en flor cerca de Vila Flor.

🇩🇪 Mandelbäume in Blüte in der Nähe von Vila Flor.

🇫🇷 Les amandiers en fleur, près de Vila Flor.

🇨🇳 花镇（Vila Flor）附近杏花盛开。

PASTAGENS NO DOURO   1

f 11   41°19'00 N
s 250   07°04'45 W

f 8
s 500
41°17'50 N
07°10'01 W

VILA FLOR 2

1

 Amendoeira em flor. | **2** As vindimas.

 Almond tree in bloom. | **2** Harvesting the grapes.

 Almendro en flor. | **2** Las vendimias.

 Mandelbaum in Blüte | **2** Weinernte.

 Un amandier en fleur. | **2** Les vendanges.

 杏花。 | **2** 采摘葡萄

3

 A flor da amendoeira, *Prunus dulcis*.

 Almond tree flower, *Prunus dulcis*.

 La flor del almendro, *Prunus dulcis*.

 Mandelbaumblüte, *Prunus dulcis*.

 La fleur de l'amandier, *Prunus dulcis*.

 杏花，*Prunus dulcis*

AMENDOEIRA EM FLOR 1

f 5.6
s 250

41°01'16 N
07°02'41 W

VINDIMAS 2

f 5
s 250

41°12'00 N
07°32'06 W

1|2 ▪ Barragem e ponte rodoferroviária do Pocinho. Esta ponte metálica da linha do rio Sabor é uma obra de inícios do séc. XX. A exploração desta linha não durou 100 anos, tendo sido encerrada em 1988.

▨ Pocinho dam, car and train bridge. The metal bridge on the Sabor river train line was built in the early 20th century. Closed in 1988, the line was in use for less than a hundred years.

▨ Presa y puente combinado de carretera y ferrocarril de Pocinho. Este puente metálico de la línea del río Sabor es una obra de principios del siglo XX. La explotación de dicha línea no duró ni siquiera 100 años, debido a que se cerró en 1988.

▪ Damm von Pocinho, Auto- und Zugbrücke. Die Metallbrücke auf der Sabor-Zugstrecke wurde im frühen 20. Jahrhundert erbaut. Sie wurde 1988 geschlossen und war für weniger als hundert Jahre im Einsatz.

▪▪ Barrage et pont routier et ferroviaire de Pocinho. Ce pont métallique sur la ligne du Sabor est un ouvrage du début du XXe siècle. L'exploitation de cette ligne n'aura pas duré 100 ans ; elle a été fermée en 1988.

▪ 波西纽（Pocinho）水库和铁路公路两用桥。这个沙博河上的铁桥修建于二十世纪初，使用不到100年，1988年停止使用。

DOURO NO OUTONO | 1

f 4
s 60

41°08'46 N
07°1'57 W

1|2 | As cores do outono chegam ao Douro após as vindimas, pintando a paisagem de exuberantes tons de vermelho e castanho.

| When the grapes have been harvested, the colours of autumn paint the Douro valley in vibrant shades of red and brown.

| Los colores del otoño llegan al Duero después de las vendimias, pintando el paisaje con exuberantes tonos de rojo y castaño.

| Wenn die Trauben geerntet sind, tönen herbstliche Farben das Douro-Tal in lebhaften Schattierungen von Rot und Braun.

| Les couleurs de l'automne arrivent au Douro après les vendanges, pour peindre le paysage dans les tons chatoyants de rouge et de marron.

| 葡萄采收了之后，杜罗河就涂上了秋天的颜色，红棕双色竞相争艳。

f 4.5
s 60

41º08'51 N
07º15'53 W

1|2

Carrazeda de Ansiães. Esta ancestral zona duriense teve o seu primeiro foral em época anterior à da fundação de Portugal.

Carrazeda de Ansiães. The ancient town on the Douro river received its first charter even before Portugal was founded.

Carrazeda de Ansiães. Esta ancestral zona del Duero recibió su primer fuero en una época anterior a la de la fundación de Portugal.

Carrazeda de Ansiães. Der alte Ort am Douro erhielt seinen ersten Freibrief noch vor der Gründung Portugals.

Carrazeda de Ansiães. Cette zone ancestrale du Douro a reçu sa première charte à une époque antérieure à la fondation de la Nation portugaise.

卡垃泽达•安西昂斯（Carrazeda de Ansiães）。在这个地区，杜罗河人的先人在葡萄牙立国之前就制定了第一个法令。

CARRAZEDA DE ANSIÃES 1

f 5.6
s 80

41°08'02 N
07°07'11 W

f 4.5
s 60

41°08'02 N
07°07'11 W

f 4   41°12'08 N
s 60   07°18'18 W

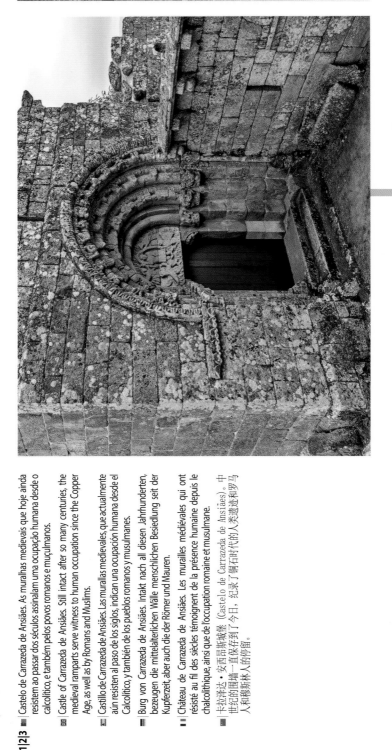

f 4.5   41°12'08 N
s 60   07°18'18 W

1|2|3

Castelo de Carrazeda de Ansiães. As muralhas medievais que hoje ainda resistem ao passar dos séculos assinalam uma ocupação humana desde o calcolítico, e também pelos povos romanos e muçulmanos.

Castle of Carrazeda of Ansiães. Still intact after so many centuries, the medieval ramparts serve witness to human occupation since the Copper Age, as well as by Romans and Muslims.

Castillo de Carrazeda de Ansiães. Las murallas medievales, que actualmente aún resisten al paso de los siglos, indican una ocupación humana desde el Calcolítico, y también de los pueblos romanos y musulmanes.

Burg von Carrazeda de Ansiães. Intakt nach all diesen Jahrhunderten, bezeugen die mittelalterlichen Wälle menschlichen Besiedlung seit der Kupferzeit, aber auch die der Römer und Mauren.

Château de Carrazeda de Ansiães. Les murailles médiévales qui ont résisté au fil des siècles témoignent de la présence humaine depuis le chalcolithique, ainsi que de l'occupation romaine et musulmane.

卡拉泽达·安西昂斯城堡（Castelo de Carrazeda de Ansiães）。中世纪的围墙一直保存到了今日，纪录石铜石时代的人类遗迹和罗马人和穆斯林人的停留。

142

VILA NOVA DE FOZ CÔA

41º01'57 N
07º04'35 W

f 11
s 100

1

1 Miradouro de São Gabriel em terras de Vila Nova de Foz Côa, permite 360º de deslumbres e silêncios.

The São Gabriel Belvedere near Vila Nova de Foz Côa offers a breathtaking 360-degree view.

Mirador de São Gabriel en tierras de Vila Nova de Foz Côa, que permite 360.º de maravillas y silencios.

Der São-Gabriel-Aussichtspunkt bei Vila Nova de Foz Côa bietet ein atemberaubendes Rundum-Panorama.

Belvédère de São Gabriel, dans la région de Vila Nova de Foz Côa : 360º d'éblouissement et de silence.

圣加布里埃尔观景台（Miradouro de São Gabriel），福斯·库瓦新镇（Vila Nova de Foz Côa），360度呈现令人惊叹的景色和寂静。

2

2 Castelo Melhor. Mais um núcleo medieval que encerra segredos de culturas ancestrais.

Castle of Castelo Melhor. Medieval fortress that holds the secrets of the ancient within its walls.

Castelo Melhor. Otro núcleo medieval que guarda secretos de culturas ancestrales.

Burg von Castelo Melhor. Mittelalterliche Festung, die in ihren Mauern die Geheimnisse der Urahnen hält.

Castelo Melhor. Encore un site médiéval qui renferme des secrets de cultures ancestrales.

美洛城堡（Castelo Melhor）。又一个保存了古老文化奥秘的中世纪建筑。

f 6.3
s 250

41°01'42 N
07°03'39 W

1|2|3

Quinta da Roêda. Berço do porto Croft desde a segunda metade do séc. XIX. Croft é o nome de mais uma família inglesa que veio para Portugal com a intenção de se dedicar ao negócio do vinho do Porto.

Quinta da Roêda. Birthplace of Porto Croft in the second half of the 19th century. Croft is the name of an English family that came to Portugal to dedicate their life to the Port wine trade.

Quinta da Roêda. Cuna del vino de Oporto Croft desde la segunda mitad del siglo XIX. Croft es el nombre de otra família inglesa que llegó a Portugal con la intención de dedicarse al negocio del vino de Oporto.

Quinta da Roêda. Geburtsort der Portwein-Firma Porto Croft in der zweiten Hälfte des 19. Jahrhunderts. Croft ist der Name einer englischen Familie, die nach Portugal kam, um hier ihr Leben dem Portweinhandel zu widmen.

Quinta da Roêda. Berceau du porto Croft depuis la seconde moitié du XIXe siècle. Croft est le nom de l'une des nombreuses familles anglaises qui sont venues s'installer au Portugal afin de se consacrer au négoce du vin de Porto.

罗峨达酒庄 （Quinta da Roêda），为十九世纪后创立的高乐福 （Croft）波特酒的起源地。高乐福（Croft）是又一个到葡萄牙发展 波特酒生意的英国家庭。

f 13   41º11'06 N
s 160   07º31'34 W

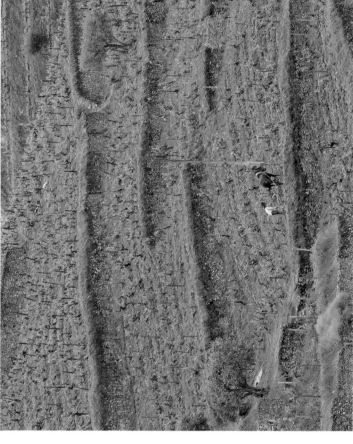

RIO TEDO 1 f 5.6 s 200 41º09'15 N 07º38'29 W

RIO TEDO 2 f 8 s 200 41º09'12 N 07º38'34 W

1|2|3

Rio Tedo. Afluente da margem esquerda do Douro que, no seu sinuoso percurso de curvas e contracurvas, forma magníficos anfiteatros de vinhedos em socalcos.

Tedo river. Tributary on the left bank of the Douro river. Its sinuous course is marked by the impressive amphitheatres of terraced vineyards.

Río Tedo. Afluente de la orilla izquierda del Duero que, en su sinuoso recorrido de giros y vueltas, forma magníficos anfiteatros con viñedos en terrazas.

Tedo. Nebenfluss am linken Ufer des Douro. Sein verschlungener Verlauf ist von den beeindruckenden Formen der terrassenförmig angelegten Weinberge geprägt.

Rio Tedo. Affluent de la rive gauche du Douro qui serpente à travers les magnifiques amphithéâtres de vignobles en terrasses.

特艉河（Rio Tedo），杜罗河左岸支流。沿着其弯弯曲曲，几经周折的河道是美丽无比的梯田上的葡萄园。

1|2 ▪ Quinta do Seixo. Integrada no universo Sandeman, com capa de estudante português e chapéu espanhol, é uma das imagens mais conhecidas ligadas ao vinho do Porto.

▪ Quinta do Seixo. Part of the Sandeman universe, whose logo figure wearing a Portuguese student's cape and a wide-brimmed Spanish hat is one of the most well-known images connected with Port wine.

▪ Quinta do Seixo. Integrada en el universo Sandeman, cuyo logotipo "el don de Sandeman", con su capa de estudiante portugués y sombrero ancho español, es una de las imágenes más conocidas del vino de Oporto.

▪ Quinta do Seixo. Teil des Sandeman-Universums, dessen Wappenfigur mit portugiesischem Umhang und breitkrempigem spanischen Hut eines der bekanntesten Symbole des Portweins ist.

▪ Quinta do Seixo. Fait partie de l'univers Sandeman, dont le logotype « Don » avec la cape des étudiants portugais et le chapeau à large bord espagnol est l'une des images les plus connues liées au vin de Porto.

▪ 塞舒酒庄（Quinta do Seixo）。桑德曼（Sandeman）拥有的酒庄之一，它的标志"董"（"Don"），黑色学生披肩和西班牙宽沿帽子是世界最著名的波特酒标志。

f 16   41°10'13 N
s 15"   07°33'16 W

1|2|3

Locomotiva que circulava na linha do rio Tua, um afluente da margem direita do rio Douro, que resulta da confluência de dois rios a norte de Mirandela e serpenteia entre as terras quentes do nordeste transmontano até à sua foz.

Stream train from the old line along the Tua river, a tributary on the right bank of the Douro river. Created by the confluence of two rivers north of Mirandela, the Tua winds its way from the hot lands of the country's Northeast until it flows into the Douro river.

Locomotora que circulaba por la línea del río Tua, un afluente de la orilla derecha del río Duero, que nace de la confluencia de dos ríos al norte de Mirandela y serpentea entre las tierras cálidas del nordeste transmontano hasta su desembocadura.

Dampflok, die auf der Tua-Strecke fuhr. Der Tua, ein Nebenfluss am rechten Ufer des Douro, der sich aus dem Zusammenkommen zweier Flüssen nördlich von Mirandela ergibt, windet sich vom trockenen Hochland Portugals im Nordosten bis hin in den Douro.

Locomotive qui circulait sur la ligne du Tua, un affluent de la rive droite du Douro, formé par la confluence de deux rivières au nord de Mirandela qui serpente à travers les terres chaudes depuis le nord-est jusqu'à son embouchure.

曾奔走在图阿铁路线上的机车。图阿河为杜罗河右岸的一条支流，是米兰德拉北部的两条河的合流，穿越后山区东北的热土进入杜罗河。

LOCOMOTIVA   1   f 5   41°12'24 N
                   s 125   07°25'06 W

FOZ DO RIO TUA   2   f 8   41°12'47 N
                       s 200   07°25'50 W

1|2|3|4

Quinta Vila Rachel em pleno Ribatua. Fundada pelo escultor Teixeira Lopes que aqui buscava inspiração. Obras do escultor, vinhas e ninhos de esquilos (3) marcam presença neste espaço.

Quinta Vila Rachel in Ribatua. Founded by sculptor Teixeira Lopes, who sought to find inspiration here. Works by the sculptor, vineyards and squirrel nests (3) can be found in the estate.

Quinta Vila Rachel en pleno Ribatua. Fue fundada por el escultor Teixeira Lopes, que buscaba la inspiración en esta zona. En este espacio se destacan las obras del escultor, las viñas y los nidos de ardillas (3).

Quinta Vila Rachel in Ribatua. Gegründet von Bildhauer Teixeira Lopes, der hier Inspiration suchte. Werke des Bildhauers, Weinberge und Eichhörnchennester (3) finden sich auf diesem Landgut.

Quinta Vila Rachel en plein Ribatua. Domaine fondé par le sculpteur Teixeira Lopes qui venait y chercher l'inspiration. On peut y admirer des œuvres de l'artiste, des vignes et des nids d'écureuils (3).

拉歇尔镇酒庄（Quinta Vila Rachel），地处日芭图(Ribatua)。雕刻家特谢拉·洛佩斯·（Teixeira Lopes）为寻找创作的灵感而创建。在这里可以看到雕刻家的作品，葡萄园和松鼠窝（3）。

 QUINTA VILA RACHEL **1**
f 13 s 100 41º14'45 N 07º25'56 W

 QUINTA VILA RACHEL **2**
f 4 s 60 41º14'45 N 07º25'56 W

 QUINTA VILA RACHEL **3**
f 6.3 s 80 41º14'45 N 07º25'56 W

f 7.1 41°14′45 N
s 100 07°25′56 W

1

Gravuras rupestres de Foz Côa. Datam do paleolítico superior e são Património da Humanidade.

Foz Côa rock art. World heritage site from the late Stone Age.

Grabados rupestres de Foz Côa. Datan del paleolítico superior y son Patrimonio de la Humanidad.

Felsenkunst in Foz Côa. Weltkulturerbe aus der späten Steinzeit.

Gravures rupestres de Foz Côa. Elles datent du Paléolithique supérieur et sont classées au patrimoine de l'humanité.

福斯·库瓦 (Foz Côa) 的洞穴壁画。为旧石器时代的遗迹，被列入世界人文遗产。

2

Linha do Tua. Atualmente submersa em parte pelas águas da barragem, é um "milagre" da engenharia nacional do séc. XIX.

Tua line. Today partially under the water of the dam, the line is a 'miracle' of 19th century Portuguese railway engineering.

Línea del Tua. Aunque actualmente se encuentra parcialmente sumergida por las aguas del embalse, continúa siendo un "milagro" de la ingeniería nacional del siglo XIX.

Tua-Linie. Die Linie, heute teilweise unter Wasser des Stausees, gilt as "Wunder" portugiesischer Bahntechnik des 19. Jahrhunderts.

Ligne du Tua. Actuellement submergée en partie par les eaux du barrage, c'est un « miracle » de l'ingénierie portugaise du XIXe siècle.

图阿河铁路线 (Linha do Tua)。曾是十九世纪的葡萄牙的工程 "奇迹"，现被淹没在水库之下。

156

DOURO INTERNACIONAL

f 6.3   41°03'04 N
s 160   06°49'09 W

1

1|2 Nas deslumbrantes paragens do Douro internacional, junto à fronteira com Espanha, podemos apreciar magníficas paisagens naturais em perfeita comunhão com o belíssimo património cultural.

Beautiful viewpoints on the international Douro river near the Spanish border offer breath-taking views of the natural scenery and the cultural landscape blending harmoniously.

En los deslumbrantes parajes del Duero internacional, junto a la frontera con España, podemos apreciar magníficos paisajes naturales en perfecta comunión con el bellísimo patrimonio cultural.

Aussichtspunkte am internationalen Douro nahe der spanischen Grenze bieten einen atemberaubenden Blick auf die Natur und die Kulturlandschaft, die sich hier harmonisch vereinen.

Dans les parages éblouissants du Douro international, à la frontière avec l'Espagne, nous pouvons admirer de magnifiques paysages en parfaite communion avec le superbe patrimoine culturel

西班牙边境的杜罗河国际口岸，华丽自然的风景和文化建筑的结合。

1|2|3

O Parque Natural do Douro Internacional, criado em 1998, é um santuário de vida selvagem onde podemos encontrar fauna e flora no seu habitat preservado.

Created in 1998, the International Douro Nature Park is a wildlife sanctuary harbouring fauna and flora in their intact habitat.

El Parque Natural del Duero Internacional, creado en 1998, es un santuario de vida salvaje donde podemos encontrar fauna y flora en un hábitat conservado.

Im Jahr 1998 wurde der Naturpark Internationaler Douro zum Wildschutzgebiet für Fauna und Flora in einem intakten Lebensraum.

Le Parc Naturel du Douro International, créé en 1998, est un sanctuaire de vie sauvage où nous pouvons observer la faune et la flore dans un habitat préservé.

1998年设立的杜罗国际自然公园，为野外动物和植物的自然保护区。

PARQUE NATURAL DO DOURO INTERNACIONAL 1

 f 3.5 s 320 41°12'37"N 06°41'39"W

PARQUE NATURAL DO DOURO INTERNACIONAL 2

f 7.1 s 500 41°12'37"N 06°41'39"W

f 6.3
s 160
3
41°10'38 N
06°42'47 W

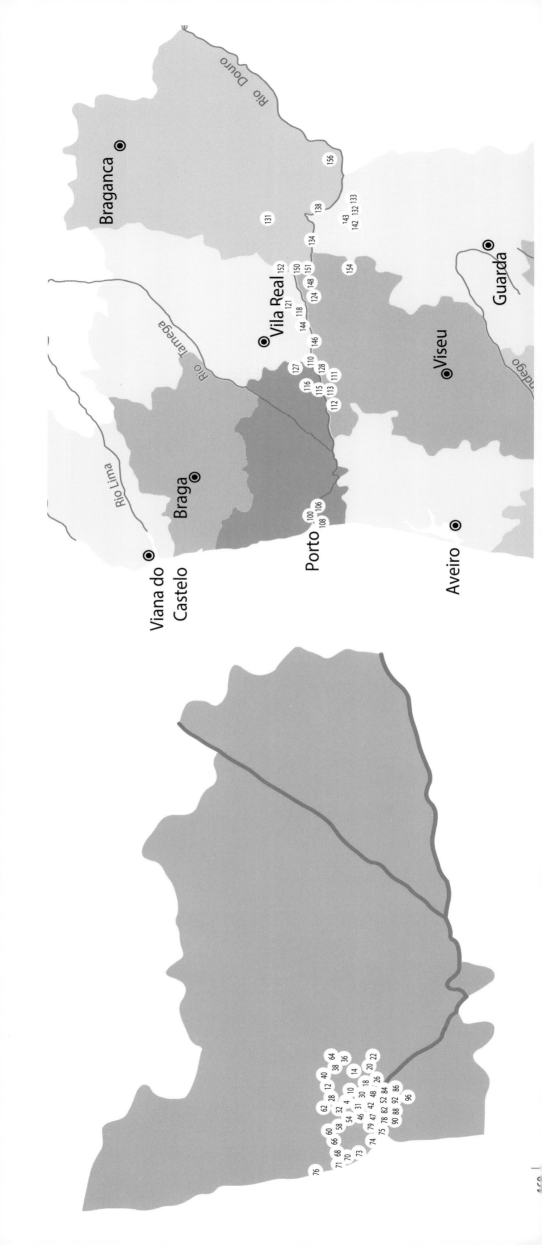

■ | Património Mundial (UNESCO):
Centro Histórico do Porto, Ponte Luiz I e Mosteiro da Serra do Pilar,
Alto Douro Vinhateiro, Sítios Pré-históricos de Arte Rupestre do Vale do Rio Côa.

■ | World Heritage (UNESCO):
Historic Centre of Oporto, Luiz I bridge and Serra do Pilar Monastery,
Alto Douro Wine Region, Prehistoric Rock Art sites in the Côa Valley.

■ | Patrimonio de la Humanidad (UNESCO):
Centro histórico de Oporto, puente don Luis I y Monasterio de la Sierra del Pilar,
Región Vitícola del Alto Duero, Sitios prehistóricos de arte rupestre del valle del río Côa.

■ | UNESCO-Welterbe:
Historisches Zentrum von Porto, Luiz-I-Brücke und Kloster von Serra do Pilar,
Weingebiet Alto Douro, Prähistorische Felsmalereien im Tal des Côa.

■ | Patrimoine Mondial (UNESCO):
Centre historique de Porto, Pont Luiz I et Monastère de Serra do Pilar,
Région viticole du Haut-Douro, Sites d'art rupestre préhistorique de la vallée de Côa.

■ | 联合国教科文组织世界文化遗产：
波尔图的老城区，路易斯一世大桥和柱子山修道院，
杜罗河上游葡萄种植区，库瓦流域史前岩画遗址。

Biografía

Nuno Cardal nasceu em Lisboa, em maio de 1967. No ano de 1990 licenciou-se em História pela Faculdade de Letras da Universidade de Coimbra, onde desenvolveu alguns trabalhos na área da fotografia. O seu percurso profissional esteve sempre ligado às áreas da cultura e da publicidade. Foi responsável pelo Programa Comunitário de Desenvolvimento de Infraestruturas Turísticas e Culturais, exerceu funções de produção no programa cultural da RTP "Ponto por Ponto", foi colaborador do Professor José Hermano Saraiva nos seus programas televisivos, trabalhou em várias empresas de publicidade e desenvolveu a rede de videopainéis que hoje se encontra por Lisboa.

É autor do livro "McCann – 65 anos de Publicidade em Portugal" e de diversas publicações na área da fotografia. Como fotógrafo profissional, coordenou e executou o trabalho fotográfico para uma enciclopédia sobre Lisboa. No verão de 2008, a Fundação EDP realizou a exposição "Dia e Noite" dedicada ao seu trabalho. "Portugal Panorâmico", publicado pela editora Lidel, é o seu mais recente trabalho.

Biography

Nuno Cardal was born in May 1967 in Lisbon. He graduated with a degree in History from the University of Coimbra, Faculty of Arts and Humanities in 1990, where he developed some of his photographic work. His professional path has always been connected to the fields of culture and advertising. He was in charge of the European Community Programme for the Development of Touristic and Cultural Infrastructures; he was a producer for the RTP broadcaster's cultural show "Ponto por Ponto", collaborated with Professor José Hermano Saraiva in his TV shows, worked in several advertising agencies and created the video panel network one can find throughout Lisbon today.

He is the author of the book "McCann – 65 Years of Advertising in Portugal" and several other books on photography. As a professional photographer, he coordinated and developed photographic work for an encyclopaedia on Lisbon. In the summer of 2008 the EDP Foundation had an exhibition of his work – "Day and Night". "Portugal Panorâmico", published by Lidel, is his latest work.

Biografía

Nuno Cardal nació en Lisboa en mayo de 1967. En 1990 se licenció en Historia por la Facultad de Letras de la Universidad de Coimbra, donde desarrolló algunos trabajos en el ámbito de la fotografía. Su trayectoria profesional siempre ha estado relacionada con la cultura y la publicidad. Ha sido el responsable del Programa Comunitario de Desarrollo de Infraestructuras Turísticas y Culturales, ha desempeñado funciones de producción en el programa cultural de la RTP "Ponto por Ponto", ha sido colaborador del profesor José Hermano Saraiva en sus programas televisivos, ha trabajado en varias empresas de publicidad y ha desarrollado la red de videopaneles que hoy encontramos por Lisboa.

Es el autor del libro "McCann – 65 años de Publicidad en Portugal" y de varias publicaciones relacionadas con la fotografía. En su faceta de fotógrafo profesional, coordinó y ejecutó el trabajo fotográfico para una enciclopedia sobre Lisboa. En el verano de 2008, la Fundación EDP realizó la exposición "Día y Noche", sobre su trabajo. "Portugal Panorâmico", publicado por la editorial Lidel, es su trabajo más reciente.

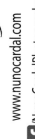

努诺·卡尔德于1967年5月生于里斯本。1990年毕业于科英布拉大学文学院历史系，获得学士学位。就学期间，已在摄影领域小有建树。他的职业生涯一直与文化领域和广告行业息息相关。曾负责旅游文化基础设施发展的共同体项目，参与RTP "Ponto por Ponto" 的电视节目制作。曾是若泽·艾尔玛努·萨拉伊瓦教授的电视节目的工作人员。从职于多家媒体公司，并创建了平版视频网络，时至今日，在里斯本仍可见到。

著有 "McCann-在葡萄牙从事媒体宣传的65年" 一书，发表多篇有关摄影的文章。作为一个专业摄影师，主持并参与了有关里斯本的百科丛书的摄影工作。在2008年夏季，EDP基金会为其举办了 "昼与夜" 的摄影展览。Lidel出版社出版的 "葡萄牙全景" 为其最新的作品。

Biographie

Nuno Cardal est né à Lisbonne en mai 1967. Il a fait des études d'Histoire à l'Université de Coimbra (1990), où il a commencé à développer des projets dans le domaine de la photographie. Son parcours professionnel a toujours été lié à la culture et à la publicité. Il a été chargé du Programme Communautaire de Développement d'Infrastructures Touristiques et Culturelles et a collaboré à l'émission culturelle de la chaîne de télévision RTP "Ponto por Ponto". Il a été le collaborateur du professeur José Hermano Saraiva dans le cadre de ses émissions télévisées. Il a travaillé pour plusieurs agences de publicité et a développé le réseau des panneaux publicitaires vidéo que l'on trouve aujourd'hui à Lisbonne.

Il est l'auteur du livre "McCann – 65 ans de publicité au Portugal", ainsi que de plusieurs publications dans le domaine de la photographie. En tant que photographe professionnel, il a coordonné et élaboré le projet photographique d'une encyclopédie sur Lisbonne. Au cours de l'été 2008, la Fondation EDP a réalisé l'exposition "Jour et nuit" consacrée à son œuvre. "Portugal Panorâmico", édité par Lidel, est son plus récent travail.

Biografie

Nuno Cardal wurde im Mai 1967 in Lissabon geboren. 1990 erwarb er seinen Abschluss in Geschichte an der Hochschule in Coimbra, wo er bereits fotografische Arbeiten vorlegte. Sein beruflicher Werdegang verband ihn stets mit der Kultur und der Werbung. Er war verantwortlich für das EU-Programm für die Entwicklung touristischer und kultureller Infrastrukturen und übte verschiedene Funktionen bei der Produktion des Kulturprogramms des portugiesischen staatlichen Fernsehsenders RTP mit dem Titel "Ponto por Ponto" ("Punkt für Punkt") aus. Er war Mitarbeiter von Professor José Hermano Saraiva bei dessen Fernsehsendungen, arbeitete bei verschiedenen Werbefirmen und erstellte ein Netz mit Videotafeln, die in Lissabon zu sehen sind.

Er ist Autor des Buchs "McCann - 65 Jahre Werbung in Portugal" sowie einer Reihe von Veröffentlichungen aus dem Bereich der Fotografie. Als Berufsfotograf koordinierte und realisierte er eine fotografische Arbeit für eine Enzyklopädie über Lissabon. Im Sommer 2008 würdigte ihn die Stiftung EDP mit einer Ausstellung unter dem Titel "Tag und Nacht" für seine Arbeit. "Portugal Panorâmico", vom Verlag Lidel veröffentlicht, ist sein neuestes Werk.

Ficha Técnica

EDIÇÃO E DISTRIBUIÇÃO

Lidel – Edições Técnicas, Lda.

Rua D. Estefânia, 183, r/c Dto. – 1049-057 Lisboa

Tel: +351 213 511 448

lidel@lidel.pt

Projetos de edição: editec@lidel.pt

www.lidel.pt

LIVRARIA

Av. Praia da Vitória, 14 A – 1000-247 Lisboa

Tel: +351 213 511 448 * Fax: +351 213 173 259

livraria@lidel.pt

Copyright © 2017, Lidel – Edições Técnicas, Lda.

ISBN edição impressa: 978-989-752-271-0

1.ª edição impressa: julho 2017

Paginação e tratamento de imagens: Pedro Dias

Impressão e acabamento: Printer Portuguesa

Dep. Legal: n.º 427 854/17

Foto da capa: **Zona Ribeirinha do Porto** GPS 41°08'25 N 08°36'50 W | Dados da câmara f 8 s 125

Todos os nossos livros passam por um rigoroso controlo de qualidade, no entanto aconselhamos a consulta periódica do nosso site (www.lidel.pt) para fazer o download de eventuais correções.